Pankajkumar K. Godhaviya
Praful Patel
Haresh Ram

Síntese e estudos biológicos de derivados de N-acil-hidrazonas

Pankajkumar K. Godhaviya
Praful Patel
Haresh Ram

Síntese e estudos biológicos de derivados de N-acil-hidrazonas

Síntese, aplicação e estudos biológicos

ScienciaScripts

Imprint
Any brand names and product names mentioned in this book are subject to trademark, brand or patent protection and are trademarks or registered trademarks of their respective holders. The use of brand names, product names, common names, trade names, product descriptions etc. even without a particular marking in this work is in no way to be construed to mean that such names may be regarded as unrestricted in respect of trademark and brand protection legislation and could thus be used by anyone.

Cover image: www.ingimage.com

This book is a translation from the original published under ISBN 978-3-330-05573-5.

Publisher:
Sciencia Scripts
is a trademark of
Dodo Books Indian Ocean Ltd. and OmniScriptum S.R.L publishing group

120 High Road, East Finchley, London, N2 9ED, United Kingdom
Str. Armeneasca 28/1, office 1, Chisinau MD-2012, Republic of Moldova, Europe
Printed at: see last page
ISBN: 978-620-7-92154-6

Conteúdo

Prefácio

O trabalho a apresentar neste livro, intitulado "Síntese e estudos biológicos de derivados de N-acilidrazonas", está dividido em nove secções que podem ser resumidas da seguinte forma A secção 1 trata da introdução e das propriedades da N-acilhidrazona; a secção 2 abrange as actividades biológicas dos derivados da acilhidrazona; a secção 3 apresenta outras aplicações das acilhidrazonas; a secção 4 descreve os aspectos da síntese das acilhidrazonas; a secção 5 abrange a via de síntese e o mecanismo dos novos compostos de acilhidrazona; a secção 6 apresenta a constante física dos novos compostos; a secção 7 apresenta a discussão espetral e os dados analíticos; a secção 8 apresenta os dados biológicos dos novos derivados da acilhidrazona e a secção 9 contém a conclusão e as referências.

Nenhum esforço sério na vida é totalmente realizado por si próprio". Este livro não é exceção. A realização deste projeto foi ajudada pelas contribuições de várias pessoas. Em primeiro lugar e acima de tudo, curvamo-nos perante Deus todo-poderoso por nos ter abençoado e dado a força para levar a cabo o presente trabalho com a máxima dedicação e entusiasmo. Sem isso, o presente trabalho não teria sido possível. Expressamos os nossos sinceros agradecimentos aos nossos respeitados pais, familiares e amigos pelo seu constante encorajamento, inspiração e esforços incansáveis para a conclusão deste projeto.

Reconheço a assistência e o apoio cruciais da Lap Lambert Publishing. Por último, gostaria de expressar a minha sincera gratidão à minha faculdade na Navin Fluorine International Ltd. (NFIL), Surat. Ajudaram-me a recolher dados, a exprimir a sua experiência em matéria de química do flúor e a dar o seu apoio útil para concluir este projeto, sem o qual esta tarefa não poderia ter sido realizada.

Obrigado a todos.

Pankajkumar K. Godhaviya Praful K. Patel Haresh K. Ram

Sobre os autores

Pankajkumar K. Godhaviya

O autor obteve os graus de Bacharelato, Mestrado e Doutoramento em Química na Universidade de Saurashtra em Rajkot. Participou e apresentou trabalhos de investigação académica em seminários nacionais e internacionais. É autor de cinco livros em editoras de renome internacional (1) 1,2,4-Oxadiazoles (atividade biológica, aspectos sintéticos, mecanismo de reação e discussão espetral)- Scholars Press-ISBN-9783639661033, (2) Studies on 1,3-Thiazole derivatives (Biological Activity, Aspectos Sintéticos, Mecanismo de Reação e Discussão Espectral) Lap Lambert Press-ISBN- 9783659447051, (3) Chalcones e Isoxazoles Scholars Press ISBN 9783639718799, (4) Fluorinating Reagents (Properties, Preparation, Application And Safety), CreateSpace Publishing ISBN-13: 9781511655248 (5) Studies of fluorine (History, Application, Water fluoridation, Organo fluorine)- CreateSpace Publishing ISBN-13: 9781511741668. Publicou oito artigos de investigação em várias revistas de renome. Trabalha atualmente como investigador assistente na Divisão de Investigação e Desenvolvimento (CRO) da Navin Fluorine International Limited, Surat, Gujarat (Índia). No passado, também trabalhou com a Jubilant Chemsys Limited, Noida (U.P.) (Divisão de Química Medicinal) e com a Cadila Pharmaceuticals Limited, Ahmedabad (Divisão de I&D-Química de Péptidos).

Praful K. Patel

O Dr. Praful K. Patel (M.Sc., Ph.D., LL.B.) tem trabalhado como diretor do Maharaja Shri Mahendrasinhji Science College, Morbi (Gujarat). Anteriormente, trabalhou como professor no DKV Science College, Jamnagar, durante 6 anos, e depois no M. M. Science College, durante 15 anos. Participou e apresentou trabalhos de investigação académica em muitos seminários nacionais e internacionais. Publicou 17 artigos de investigação em várias revistas internacionais de renome. É professor reconhecido de pós-graduação e orientador de doutoramento da Universidade de Saurashtra, Rajkot. Trabalhou também como professor responsável no Centro de Pós-graduação da Faculdade de Ciências M. M. 7 estudantes concluíram o seu doutoramento sob a sua orientação e atualmente 2 estudantes estão a fazer o doutoramento sob a sua orientação. Tem estado a trabalhar no seu projeto de investigação patrocinado pela UGC. A sua área de interesse é a Química Orgânica e Farmacêutica.

Haresh K. Ram

Atualmente, trabalha como Professor Assistente no Departamento de Química do Tolani College of Arts and Science, Adipur, Gujarat (Índia). Concluiu a licenciatura, o mestrado e o doutoramento na Universidade de Saurashtra, Rajkot. Participou e apresentou trabalhos de investigação académica em muitos seminários nacionais e internacionais. É autor de 15 livros em editoras de renome internacional e publicou 25 artigos de investigação em várias revistas nacionais e internacionais de renome. Anteriormente, trabalhou no departamento de I&D da Navin Fluorine International Limited, Surat, Gujarat (Índia) durante três anos antes de se juntar ao Tolani College of Arts and Science.

Observações gerais

Os espectros de RMN dos compostos foram registados no espetrómetro Brukeravance II 400 MHz NMR e os desvios químicos são apresentados em partes por milhão (ppm) utilizando o tetrametilsilano (TMS) como padrão interno.

Os espectros de IV foram registados no espetrómetro Shimadzu FTIR-8400.

J A análise elementar foi efectuada com o instrumento Perkin Elmer 2400 e os valores medidos concordam com os calculados.

Os espectros de UV-Vis foram registados no espetrofotómetro de UV-Visível Shimadzu, Pharmaspec UV1700.

J A pureza dos compostos foi confirmada por cromatografia em camada fina. As manchas foram visualizadas com iodo, spray de ninidrina e sob lâmpada ultravioleta.

J A cromatografia em camada fina foi efectuada em Silica Gel (Merck G60 F254).

J Os produtos químicos utilizados para a síntese dos compostos foram adquiridos à Spectrochem, Merck, Thomas-baker e SD fine chemical.

J Os pontos de fusão foram obtidos em capilar aberto e não estão corrigidos.

J Todas as estruturas são desenhadas de acordo com o estilo ACS.

Abreviaturas

Et_3N	Triethyl Amine
HCl	Hydrochloric Acid
NaOH	Sodium hydroxide
EtOH	Ethyl alcohol
NH_3	Ammonia
KOH	Potassium hydroxide
$CDCl_3$	Deuteriated Chloroform
DMSO	Dimethyl Sulfoxide
ppm	Part Per Million
DMF	Dimethyl Formamide
THF	Tetrahydrofuran
BuLi	Butyl Lithium
MHz	Mega Hertz
LD	Lethal Dose
KF	Potassium fluoride
MeCN	Acetonitrile
MeOH	Methyl alcohol
CaF_2	Calsium fluoride
KHF_2	Potassium hydrogen fluoride
CF_2Cl_2	Dichlorodifluoromethane
$N_2H_4.H_2O$	Hydrazine hydrate
AcOH	Acetic acid
RT	Room Temperature
DMF	N,N-Dimethyl formamide
INH	Isonicotinic acid hydrazide
Ac_2O	Acetic anhydride
NSAIDs	Non-steroidal anti-inflammatory drugs
COX	Cyclooxygenase
CQ	Chloroquine

Capítulo 1

Introdução

1.1. Introdução

As hidrazonas contêm dois átomos de azoto ligados de natureza diferente e uma ligação dupla C-N que está conjugada com um par de electrões solitários do átomo de azoto terminal. Estes fragmentos estruturais são os principais responsáveis pelas propriedades físicas e químicas das hidrazonas **Figura 1**. Ambos os átomos de azoto do grupo das hidrazonas são nucleófilos, embora o azoto do tipo amino seja mais reativo. O átomo de carbono do grupo das hidrazonas tem carácter electrofílico e nucleofílico.[1]

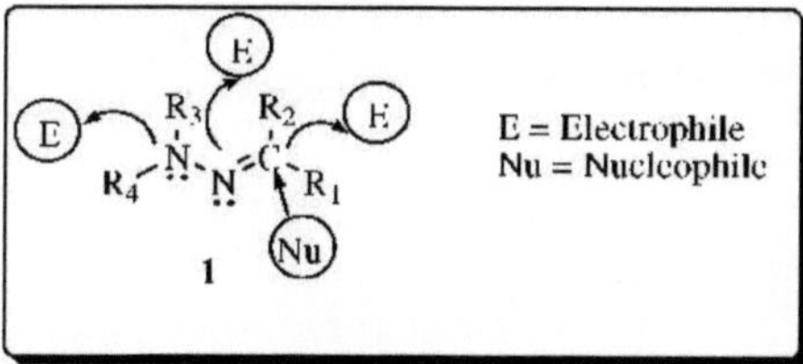

Figure 1.1

Os compostos com a fórmula geral ArCONHN=C(R)Ar' são conhecidos como N-acil hidrazonas.

A hidrazona contém um grupo azometina CO-NH-N=CH que desempenha um papel vital na atividade biológica.

A introdução de grupos funcionais nas moléculas de hidrazona alarga o âmbito de utilização destas últimas na síntese orgânica. Além disso, a combinação do grupo hidrazona com outros grupos funcionais dá origem a compostos com propriedades físicas e químicas únicas. As hidrazonas contendo um átomo de halo nas posições α- ou β- têm sido exploradas há muitos anos como formas de gerar iminas nitrílicas[2] e 1,2-diaza-1,3-butadienos[3] que são intermediários activos na química de cicloadição. As amidrazonas e as tiossemicarbazonas estão bem documentadas devido à sua atividade biológica e à sua utilização na síntese de compostos heterocíclicos. ( )[1a, 4] As abordagens sintéticas e a reatividade química das hidrazonas substituídas por grupos éster e ciano foram relatadas pela primeira vez em 1894, mas foram continuamente acrescentadas novas descobertas, algumas apenas recentemente.[5] Apresentamos aqui uma revisão sobre a síntese e as propriedades espectrais e químicas das hidrazonas do tipo **7** contendo grupos amida, tioamida e amidina (Figura 2). A estrutura **8** representa um caso especial em que estes grupos são incorporados num anel.

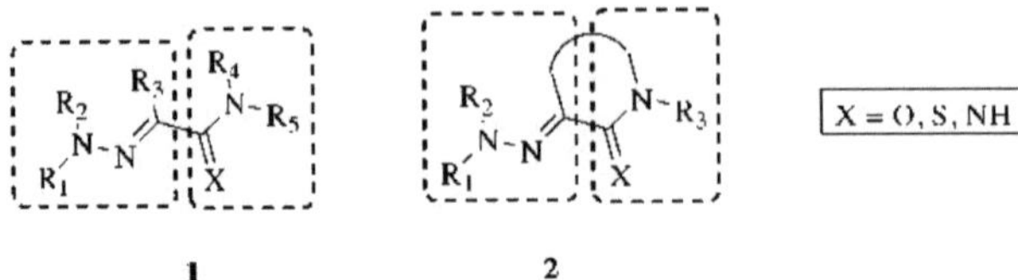

Figura 1.2 Estruturas de hidrazonas com grupos amida, tioamida e amidina

1.2 Química e nomenclatura das N'-acil hidrazonas substituídas

Os compostos de fórmula geral ArCONHN=C(R) Ar' são conhecidos como N'-acil hidrazonas. As hidrazonas que contêm um hidrogénio azometínico CH=NNH- são obtidas por ação de hidrazidas ácidas com aldeídos ou cetonas em vários solventes ou em condições de ausência de solventes.

Figure 1.3

No total, os derivados da acil-hidrazona podem existir em quatro formas possíveis devido ao efeito coletivo da estereoquímica configuracional E e Z, bem como dos estereoisómeros conformacionais ou rotâmeros, ou seja, os conformadores antiperiplanar (ap) e sinperiplanar (sp).

As hidrazidas-hidrazonas são obtidas a partir da condensação de hidrazidas e aldeídos ou cetonas.[6-10] Além disso, as hidrazonas não substituídas ou monossubstituídas são convertidas em hidrazidas-hidrazonas com agentes acilados.[6] Devido à capacidade de reagir com reagentes electrofílicos e nucleofílicos, as hidrazonas são uma das matérias-primas mais importantes, as hidrazidas-hidrazonas e as hidrazonas têm sido utilizadas em várias sínteses químicas[6,11-14] especialmente para a preparação de compostos heterocíclicos. Vale a pena mencionar a síntese de indóis de acordo com a reação de Fischer,[1a] a síntese de 4-tiazolidina-4-uns,[10] a síntese de azetidinas[15] por cicloadição [2+2] e diferentes sínteses de vários compostos heterocíclicos de cinco membros por cicloadição 1,3-dipolar de iminas azometínicas[16] que são formadas por uma deslocação 1,2-H. As acil e aroil-hidrazonas são muito importantes como agentes quelantes[17-20] Os compostos que contêm

8

hidrazidas e hidrazonas revelaram-se especialmente atractivos devido à sua aplicação na biologia[9,21-27] e na medicina, sendo a isocarboxazida, a iproniazida, a isoniazida, a nifuroxazida e a rifampisina exemplos de medicamentos. As hidrazonas são também os compostos mais importantes para a conceção de pró-fármacos devido à sua fraca estabilidade metabólica. [6,28,30] A estabilidade plasmática do pró-fármaco é muito importante para a sua rápida conversão no plasma.[31] A formação de hidrazona é uma reação adequada para a síntese de pró-fármacos.[32-36] Estas são facilmente hidrolisadas em fármacos activos in vivo. As hidrazidas-hidrazonas também foram utilizadas para a preparação de compostos heterocíclicos, como a 4-tiazolidinona[37,38] azetidinona[39,40] 1,3,4-oxadiazol e anéis 2,3-di-hidro-1,3,4-oxadiazol.

Os derivados de 1,3,4-oxadiazóis substituídos foram obtidos a partir de hidrazidas-hidrazonas por ciclização oxidativa.[41-43] O grupo funcional hidrazona não é geralmente estável in vivo[28,44] e in vitro.[29,45] No entanto, a estabilidade hidrolítica das hidrazonas depende da estrutura do substituinte.[1] Os derivados do 2,3-dihidro-1,3,4-oxadiazol são estruturas estáveis[46] e são obtidos a partir da ciclização intramoleculante de hidrazonas por anidridos ácidos ou cloretos de acilo.[6,47-52] Em 1953, Yale e colaboradores[47] comunicaram a publicação de um estudo relacionado.

As actividades inibidoras da monoamina oxidase das 3-acetil-1,3,4-oxadiazolinas foram investigadas por Maccioni e colaboradores.[53] Os estudos mais pormenorizados foram efectuados por Somogyi e colaboradores.[50, 54-57]

Os compostos de coordenação têm sido um desafio para o químico inorgânico desde que foram identificados no século XIX. Nos primeiros tempos, pareciam invulgares porque pareciam desafiar as regras habituais de valência. Hoje em dia, constituem uma grande parte da investigação inorgânica atual. Embora as teorias habituais de ligação possam ser alargadas para acomodar estes compostos, eles continuam a apresentar problemas teóricos estimulantes e, no laboratório, continuam a constituir desafios sintéticos. A teoria de coordenação de Werner, em 1893, foi a primeira tentativa de explicar a ligação em complexos de coordenação. Esta teoria e o seu trabalho meticuloso durante os 20 anos seguintes valeram a Alfred Werner o Prémio Nobel da Química em 1913. Muito se tem trabalhado na tentativa de formular teorias para descrever a ligação em compostos de coordenação e para racionalizar e prever as suas propriedades.

Os complexos metálicos têm desempenhado um papel importante desde os primórdios da química de coordenação. De facto, muito trabalho tem sido realizado na síntese e caraterização de compostos de metais de transição, principalmente devido às suas aplicações em vários domínios. No entanto, a capacidade do ião metálico para participar na ligação a todos os sítios de coordenação possíveis depende, em parte, das suas preferências pelos átomos dadores do ligando coordenado, da flexibilidade e adaptabilidade conformacional do ligando utilizado, bem como da concorrência de outros ácidos de Lewis e de diferentes entidades capazes de ocupar uma bolsa de coordenação.

1.3 . Estudos estruturais de acil-hidrazonas

A beleza arquitetónica dos complexos de coordenação surge devido aos interessantes sistemas ligantes que contêm diferentes sítios doadores em anéis heterocíclicos, por exemplo: NNO ou NNS. Entre os sistemas de ligandos, a hidrazida e a hidrazona ocupam um lugar especial porque os complexos de metais de transição destes compostos são hoje em dia amplamente utilizados para o tratamento de várias doenças, em química sintética e analítica como novos catalisadores heterogéneos em processos de óxido-redução e várias reacções químicas e fotoquímicas, bem como em numerosas aplicações industriais da ciência e tecnologia.[58-62]

As hidrazonas são compostos obtidos por condensação de hidrazidas com aldeídos ou cetonas. As hidrazonas substituídas podem ser obtidas através da introdução de hidrazidas substituídas e de compostos carbonílicos. A fórmula geral de uma acil-hidrazona substituída é apresentada na Figura 4.

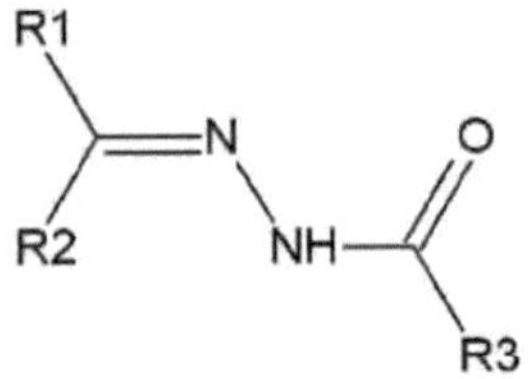

Figura 1.4 Fórmula geral de uma acil-hidrazona substituída

O oxigénio da amida e o azoto da azometina são os locais dadores disponíveis nos compostos de hidrazona. Além disso, o número de sítios de coordenação pode ser aumentado através de uma substituição adequada na estrutura da hidrazona. Se um anel hetero estiver ligado à estrutura da hidrazona, o átomo hetero pode também coordenar-se com o centro metálico, aumentando assim a denticidade[63] (Figura 5).

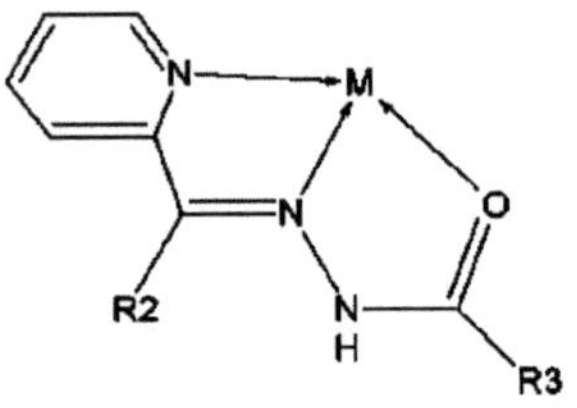

Figura 1.5 Um exemplo de uma acil-hidrazona tridentada

Nas hidrazonas, é bem conhecido que pode ocorrer uma transferência de protões entre o N hidrazínico e o grupo ceto da parte da hidrazida. Por conseguinte, existe um equilíbrio de tautomerização entre a forma amido e a forma iminol através da transferência intramolecular de protões. Esta transferência de protões provoca uma alteração na configuração do eletrão S e aumenta assim a conjugação. Assim, os compostos de coordenação derivados de hidrazonas contêm quer a forma amido neutra quer a forma desprotonada. No estado sólido, as hidrazonas existem predominantemente na forma amido (I), enquanto que em solução predomina a forma iminol (II) (Figura 6). Isto está bem estabelecido a partir de estruturas cristalinas e estudos espectrais de IV.

amido form (I)

iminol form (II)

Figura 1.6 Tautomerismo em acil-hidrazonas

A própria **forma** amido existe na forma sintética ou anti-sintética, dependendo da **ligação** azometina (**Figura 7**). Na forma syn, no que respeita à ligação azometina, dois grupos mais **volumosos** estão do mesmo lado, enquanto **na** forma **anti** os grupos mais volumosos estão do lado oposto (R2 > R1).

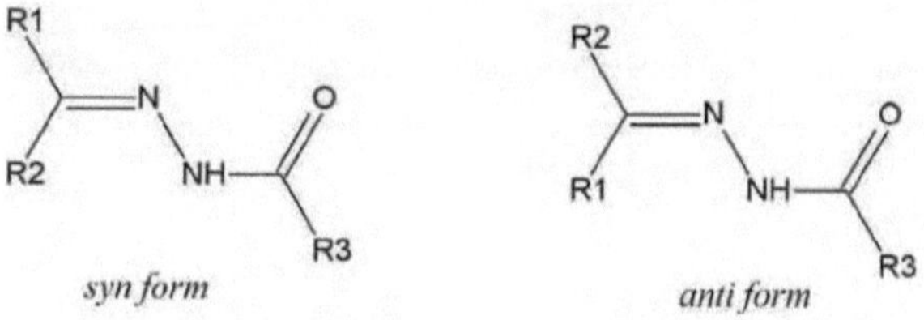

syn form

anti form

Figura 1.7 Isómeros **geométricos** das acil-hidrazonas

A estereoquímica da hidrazona é muito determinada pelos efeitos estéricos dos vários substituintes na porção da hidrazona e também favorecida por interacções adicionais, como a ligação de hidrogénio intramolecular. Observa-se que a natureza sintética da ligação se transforma geralmente em geometria anti, enquanto se coordena com iões metálicos.[64-65] Presume-se que este fenómeno se deva ao efeito quelato, que resulta numa maior estabilidade devido a uma melhor deslocalização de electrões no sistema de anéis quelatos constituído por iões metálicos.

1.4 . Diversidade no comportamento quelante das hidrazonas

O comportamento quelante depende do seu tautomerismo amido-iminol e, para além disso, o número e o tipo de substituintes ligados à estrutura da hidrazona também influenciam o modo de coordenação.

Como já foi referido, os locais doadores esperados nas hidrazonas simples são o oxigénio da amida e o azoto da azometina. Além disso, se a parte carbonílica contiver um anel com um heteroátomo, o heteroátomo pode coordenar-se com o centro metálico, comportando-se assim como um ligando tridentado. Devido ao tautomerismo nas hidrazonas, o oxigénio da amida pode estar na forma ceto neutra (Estrutura I) ou na forma enólica (Estrutura II). O estado atual de ionização depende das condições (pH do meio) e dos sais metálicos utilizados. Em soluções básicas, o oxigénio da amida é desprotonado e coordena-se com o centro metálico na forma enólica, ao passo que as condições fortemente ácidas favorecem os compostos formulados com um ligando neutro.[66-67]

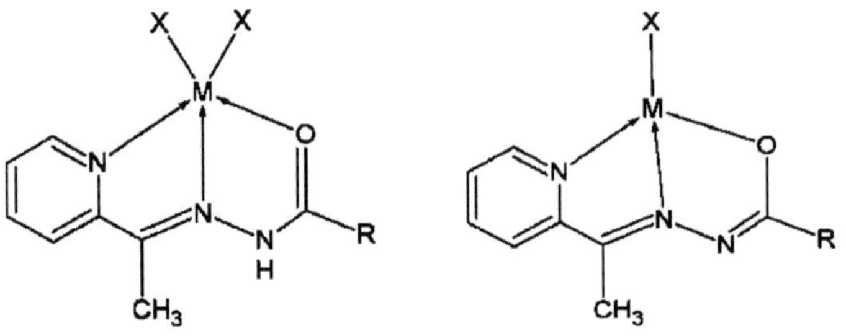

Structure I   Structure II

Figure 1.8

Em certos casos, existe a possibilidade de dois grupos ligantes desprotonados se coordenarem com o mesmo centro metálico, dando origem a complexos octaédricos distorcidos de seis coordenadas[68] (Figura 9). Estes tipos de complexos têm uma maior estabilidade devido à quelação.

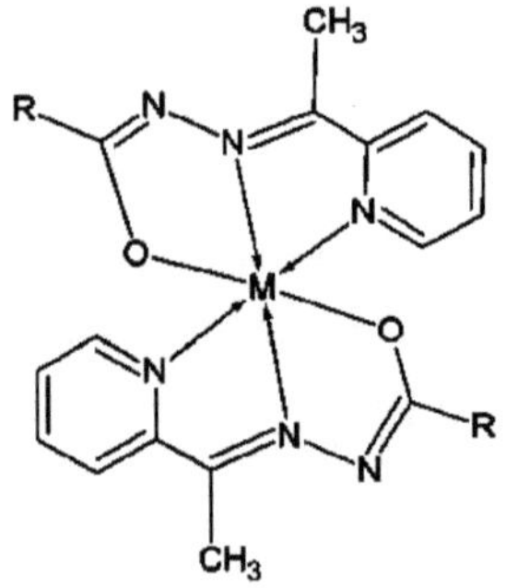

Figure 1.9

Há casos **em** que as hidrazonas formam **complexos** em ponte. **Em alguns casos, um átomo ou grupo de átomos** pode atuar como ligando em **ponte**, o que resulta numa estrutura dimérica (Figura 10). Os halogéneos, a azida e os ligandos tiocianatos podem atuar como este tipo de **pontes.**[69-71]

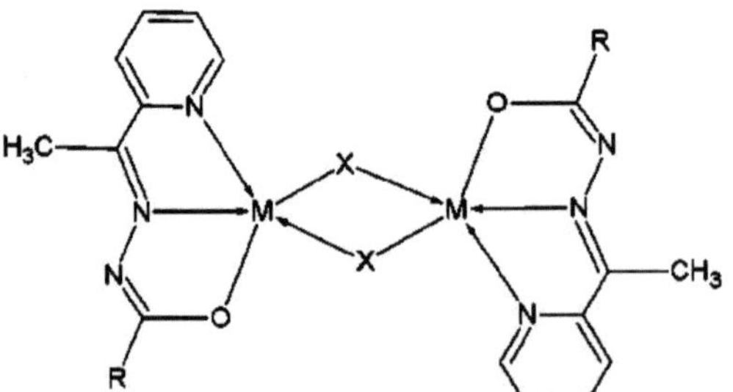

Figure 1.10

Nas hidrazonas doadoras de ONO que contêm um grupo fenólico, o **átomo** de oxigénio do fenolato pode

12

formar uma **ponte** entre os centros metálicos, formando assim um dímero[72] (Figura 11).

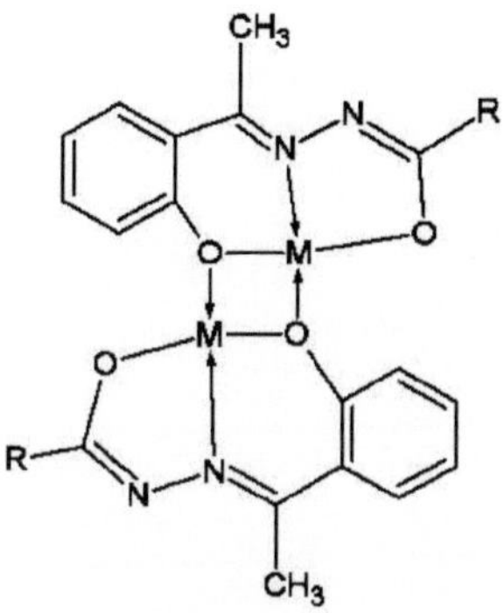

Figure 1.11

A presença de sítios dadores **adicionais** na parte **cetónica** oferece muito mais possibilidades de coordenação que podem resultar em complexos multinucleares. Se estiverem presentes grupos **do tipo iOMe** no composto carbonílico, este pode utilizar tanto a **capacidade de** quelação como a de ligação, levando à formação de **complexos** multinucleares (Figura 12).

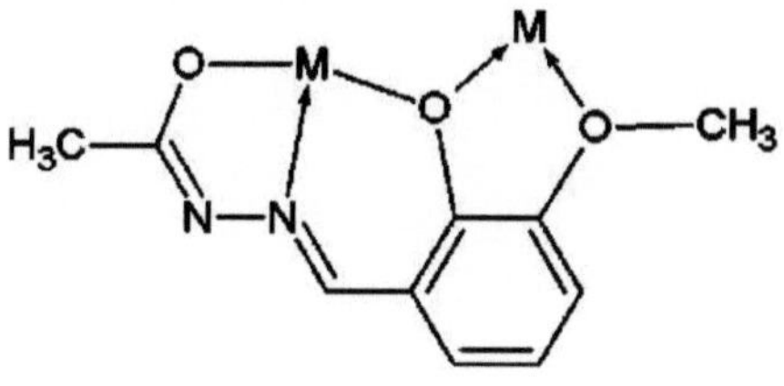

Figure 1.12

Outra possibilidade é que, se a parte hidrazida das **hidrazonas contiver** um **átomo** hetero, este **também** pode participar na ligação (Figura 13). Esta coordenação invulgar pode evidentemente alterar a forma como os **complexos** são formados.[74]

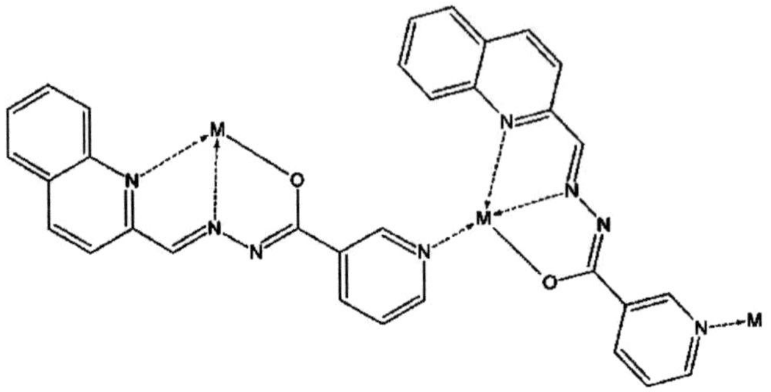

Figure 1.13

Capítulo 2

Atividade biológica

2.1. ESTUDOS SOBRE DROGAS SINTÉTICAS:

2.1.1. Medicamentos

A palavra droga deriva da palavra francesa "drogue", que significa "uma erva seca". É a única entidade química ativa presente num medicamento que é utilizado para o diagnóstico, a prevenção, o tratamento/cura de uma doença. Esta definição de droga orientada para a doença não inclui os contraceptivos nem a utilização de medicamentos para melhorar a saúde. De acordo com a OMS, um medicamento pode ser definido como "qualquer substância ou produto utilizado ou destinado a ser utilizado para modificar ou explorar o sistema fisiológico ou o estado patológico em benefício do destinatário".

2.1.2. Farmacologia

A farmacologia é a ciência dos medicamentos. Em sentido lato, lida com a interação de moléculas químicas administradas exogenamente (fármacos) com o sistema vivo. Engloba todos os aspectos do conhecimento sobre os fármacos, mas sobretudo aqueles que são relevantes para uma utilização eficaz e segura para fins medicinais. Durante milhares de anos, a maior parte dos medicamentos eram produtos naturais brutos de composição desconhecida e eficácia limitada. Apenas se conheciam de forma imprecisa os efeitos excessivos destas substâncias no organismo, mas a forma como eram produzidas era totalmente desconhecida. Nos últimos 100 anos, aproximadamente, os medicamentos foram purificados, caracterizados quimicamente e foi desenvolvida uma grande variedade de novos medicamentos altamente potentes e selectivos. As duas principais divisões da farmacologia são a farmacodinâmica e a farmacocinética.

(a) Farmacodinâmica: deriva da palavra grega "dinâmica" que significa poder. O que é que os medicamentos fazem ao organismo? Inclui os efeitos fisiológicos e bioquímicos dos medicamentos e o seu mecanismo de ação nos sistemas de órgãos macromoleculares/subcelulares.

(b) Farmacocinética : Deriva da palavra grega "Kinesis" que significa movimento. O que é que o corpo faz ao fármaco? Refere-se aos movimentos do fármaco no organismo e à sua alternância; inclui a absorção, a distribuição, a ligação/localização/armazenamento, a biotransformação e a excreção do fármaco.

Alguns outros aspectos importantes da farmacologia são apresentados a seguir:

* **Farmacoterapêutica** : É a aplicação da informação farmacodinâmica juntamente com o conhecimento da doença para a sua prevenção, atenuação ou cura.

* **Farmacologia clínica** : É o estudo científico do medicamento no homem. Inclui a investigação farmacodinâmica e farmacocinética em voluntários saudáveis e em doentes; avaliação da eficácia e segurança dos medicamentos e ensaios comparativos com outras formas de tratamento; vigilância dos padrões de

utilização dos medicamentos, efeitos adversos, etc.

*   **Quimioterapia:** É o tratamento da infeção sistémica / malignidade com fármacos específicos que têm uma toxicidade selectiva para o organismo infetante / célula maligna com menos efeito nas células hospedeiras.

" As drogas em geral, podem assim ser divididas em :

*   **Agentes farmacodinâmicos :** Trata-se de substâncias químicas concebidas para exercer um efeito farmacodinâmico no recetor.

*   **Agentes quimioterapêuticos :** Trata-se de substâncias químicas concebidas para o tratamento de doenças infecciosas ou para a proliferação de células malignas.

(c) Conceito de medicamento essencial: A OMS definiu os medicamentos essenciais como "aqueles que satisfazem as necessidades de cuidados de saúde da maioria da população; devem, por conseguinte, estar sempre disponíveis em quantidades adequadas e na forma de dosagem apropriada".

Verificou-se que apenas um punhado de medicamentos, de entre a multidão disponível, pode satisfazer as necessidades de saúde da maioria da população de qualquer país, e que os medicamentos mais baratos e bem testados são igualmente (ou mais) eficazes e seguros do que os seus congéneres mais recentes e mais caros. Para otimizar a utilização dos recursos, os governos (especialmente nos países em desenvolvimento) devem concentrar-se nestes medicamentos, identificando-os como medicamentos essenciais. A OMS estabeleceu critérios para a seleção de um medicamento essencial:

(I)   Devem estar disponíveis dados adequados sobre a sua eficácia e segurança a partir de estudos clínicos.

(II)   Deve estar disponível numa forma em que a qualidade, incluindo a biodisponibilidade e a estabilidade durante a armazenagem, possa ser assegurada.

(III)   A sua escolha deve depender do padrão de doenças prevalecentes; da disponibilidade de instalações e de pessoal formado; dos recursos financeiros; de factores genéticos, demográficos e ambientais.

(IV) No caso de dois ou mais medicamentos semelhantes, a escolha deve ser feita com base na sua eficácia relativa, segurança, qualidade, preço, disponibilidade e relação custo-benefício, que deve ser uma consideração importante.

(V) A escolha pode também ser influenciada por laços farmacocinéticos comparativos adequados e por instalações locais de fabrico e armazenamento.

(VI) O medicamento mais essencial deve ser um composto único. Os produtos combinados de rácio fixo devem ser incluídos apenas quando a dosagem de cada ingrediente satisfaz os requisitos de um grupo populacional definido e quando a combinação tem uma vantagem comprovada.

(VII) A seleção dos medicamentos essenciais deve ser um processo contínuo, que deve ter em conta a evolução das prioridades da ação de saúde pública, o estado epidemiológico, bem como a disponibilidade de melhores medicamentos/formulações e os progressos nos conhecimentos farmacológicos.

2.1.3. Desenvolvimento de medicamentos

Muitos produtos naturais, por tentativa e erro, foram postos em prática para combater as doenças humanas existentes durante a observação humana primitiva. Com o advento da abordagem científica moderna, várias plantas medicinais foram submetidas a um exame químico, o que acabou por levar ao isolamento dos princípios activos desde cedo.

Estes compostos, quer sob a forma de extrato quer sob a forma pura, passaram a fazer parte das farmacopeias. Por exemplo, embora o medicamento chinês Mauhang tenha sido utilizado durante mais de 5000 anos para o tratamento de vários tipos de febre e doenças respiratórias, o seu princípio ativo, a efidrina, foi isolado em 1887. Em 1925, investigações químicas seguidas de avaliação farmacológica levaram este composto à medicina moderna. Da mesma forma, durante este período, a ureia estibamina foi introduzida como o primeiro medicamento em 1920 para o tratamento do Kala-azar. Em 1930, a preparação De Rauwolfia foi utilizada pela primeira vez devido às suas propriedades sedativas e hipotensoras.

Uma droga é uma substância que tem um efeito anormal em certas funções do corpo, por exemplo, a estricnina estimula a ação do coração e a aspirina retarda a sua ação. Uma vez que ambas têm efeitos anormais, as duas substâncias são conhecidas como drogas. As ciências químicas contribuíram amplamente para novas descobertas que conduziram a medicamentos úteis a partir de 1930. O conceito moderno de descoberta de medicamentos começou em 1933 por Gerhand Domagk com a descoberta do **"Prontosil Red"**, um composto responsável pela atividade antibacteriana. O aparecimento das **sulfonamidas chamou a** atenção para as diferentes actividades de vários produtos químicos nas células bacterianas e humanas. Este importante fator levou Florey e Chain, em 1939, a investigar a penicilina, descoberta dez anos antes por Alexander Fleming. As espectaculares propriedades quimioterapêuticas da penicilina e o seu dramático desenvolvimento em tempo de guerra para o tratamento de feridas fizeram da penicilina o medicamento barato mais utilizado.

Um grande número de medicamentos importantes foi introduzido durante o período de 1940 a 1980. Este período é conhecido como o "período dourado" da descoberta de novos medicamentos. Assim, a partir de 1933 - o primeiro medicamento antibacteriano prontosil, que deu origem a vários medicamentos sulfa; 1940 - penicilina; 1945 - cloroquina - antimalárico; 1950 - metildopa - anti-hipertensivo; 1967 - clorotiazina - diurético; 1958 - bloqueadores beta adrenérgicos - vasodilatadores coronários; 1960 - penicilina semi-sintética - antibacteriano; 1965 -trimetoprim - antimicrobiano; 1967 - cromoglicato dissódico - antialérgico; 1972 - cimetidina H2- antagonista; 1975 - verapamil - cálcio-antagonista e 1981 - captopril - anti-hipertensivo. Existem alguns exemplos específicos que representam novos agentes terapêuticos, por exemplo, Metormine glipizide-anti-diabético.

2.1.4. Últimos desenvolvimentos de medicamentos

O interesse atual na criação de bibliotecas de compostos orgânicos de grandes dimensões e pesquisáveis captou a imaginação dos químicos orgânicos e da comunidade de descoberta de medicamentos. Em numerosos laboratórios, os esforços concentram-se na introdução da diversidade química, que foi recentemente revista e foram identificados compostos farmacologicamente interessantes a partir de bibliotecas com composições muito diferentes.

Atualmente, a principal fonte de agentes para a cura, atenuação ou prevenção de doenças são os compostos orgânicos, naturais ou sintéticos, juntamente com os chamados organometálicos. Esses agentes têm a sua origem de várias formas (a) a partir de materiais naturais - tanto de origem vegetal como animal, e (b) a partir do isolamento de compostos orgânicos sintetizados em laboratório cujas estruturas estão estreitamente relacionadas com as dos compostos naturais, por exemplo, atropina, esteróides, morfina, cocaína, etc., que se sabe possuírem propriedades medicinais úteis.

O processo de conceção de medicamentos é amplamente impulsionado pelo instinto e pela experiência dos cientistas da investigação farmacêutica. É muitas vezes instrutivo tentar "captar" estas experiências através da análise do registo histórico de projectos de conceção de medicamentos bem sucedidos do passado. A partir desta análise, são retiradas as inferências que desempenham um papel importante na definição dos nossos projectos actuais e futuros. Para esta região, gostaríamos <u>de analisar as estruturas de um grande número de fármacos - o produto final de um</u> esforço bem <u>sucedido de conceção de fármacos</u>. O nosso objetivo é começar a deconvoluir esta informação para a aplicar na conceção de novos fármacos.

São desenvolvidos diferentes tipos de medicamentos para diferentes tipos de doenças, que podem ser definidos com os nomes dos medicamentos modernos.

(a) Medicamentos anticancerígenos

Os medicamentos que impedem o crescimento anormal dos tecidos celulares no corpo humano são designados por medicamentos anticancerígenos. Vinblastin e Busulphan são os novos medicamentos anticancerígenos.

(b) Medicamentos hepatoprotectores

Os medicamentos que dão vitalidade ao fígado e o protegem, conferindo-lhe poder de imunidade contra os anticorpos, são designados por medicamentos hepatoprotectores.

(c) Medicamentos antimaláricos

Os medicamentos que matam o plasmódio causador da malária são designados por medicamentos antimaláricos. A combinação de sulfametoxazol com pirimetamina é um novo medicamento antimalárico.

(d) Medicamento para a meningite

Os medicamentos que curam a inflamação da meningite são designados por medicamentos para a meningite A Cifalexina é um novo medicamento para a meningite.

(e) Medicamento para a febre tifoide

Os medicamentos que matam a bactéria Salmonella typhi, causadora da febre tifoide, são conhecidos como medicamentos contra a febre tifoide. Um novo medicamento para a febre tifoide é a ciprofloxacina.

(f) Medicamentos antidiabéticos

Os medicamentos que convertem o excesso de glicose do sangue em glicogénio são designados por medicamentos antidiabéticos. Os novos medicamentos antidiabéticos são a Metformina, a Glipizida e a Gliclazida.

(g) Medicamentos antituberculosos

Medicamento que mata as bactérias do Mycobacterium tuberculosis, curando assim as lesões da cavidade pleural. Um novo medicamento antituberculoso é o Etambutol.

(h) Medicamentos antiasmáticos

Os fármacos que previnem o ataque de asma e relaxam a respiração são chamados fármacos antiasmáticos. Os novos medicamentos antiasmáticos são a Etofilina, a Teofilina e o Asmon.

(i) Medicamentos anti-hipertensivos

Os medicamentos que normalizam a tensão arterial através da dilatação dos vasos sanguíneos são designados por medicamentos anti-hipertensores. Os novos medicamentos anti-hipertensores são o Atenolol, a Amlodipina e a Nifedipina.

(j) Medicamentos antissida

Os medicamentos que matam os vírus da SIDA, ou seja, o VIH-1 e o VIH-2, são chamados medicamentos anti-SIDA. Os novos medicamentos são a Zidovudina, o Aciclovir e a Didanosina.

(k) Medicamentos antiácidos

Os medicamentos que neutralizam o ácido do estômago e impedem a secreção excessiva de ácido são denominados antiácidos. Os novos medicamentos antiácidos são o omeprazol e o lansoprazol.

(l) Anti-inflamatórios não esteróides (AINE)

Os medicamentos que aliviam a febre, a dor e a inflamação são designados AINE. Os novos AINE são o piroxicam, o meloxicam e a nimesulida.

Os diferentes tipos de fármacos geralmente utilizados são concebidos como anestésicos, antituberculostáticos, anti-hipertensivos, anticonvulsivos, anti-helmínticos, anti-inflamatórios, sedativos e hipnóticos, o que nos levou a sintetizar fármacos com pirazolo[3,4-d]pirimidinas, quinazolinas e pirazóis como uma melhor atividade terapêutica.

" As metas e os objectivos do presente inquérito são

(a) Gerar várias moléculas biologicamente activas, tais como pirazolo[3,4-d]pirimidinas, quinazolinas e pirazóis.

(b) Caracterizar estes produtos para a sua atribuição estrutural utilizando várias técnicas espectroscópicas como IR, PMR e espetroscopia de massa.

(c) Analisar estes novos derivados quanto à sua atividade antimicrobiana utilizando diferentes estirpes de bactérias e fungos e comparar a atividade antimicrobiana com diferentes fármacos conhecidos em diferentes concentrações para os seus valores MIC.

Tendo em conta estes factos, os trabalhos de investigação apresentados neste livro são os seguintes.

2.2. ESTUDOS SOBRE A N-ACIL-HIDRAZONA:

Os derivados de hidrazona de compostos carbonílicos são considerados uma classe de compostos biologicamente importantes. O núcleo da hidrazona encontra-se em produtos naturais e sintéticos de interesse biológico. As hidrazonas estão presentes em muitos dos compostos heterocíclicos bioactivos que são de utilização muito importante devido às suas várias aplicações biológicas e clínicas. Os métodos de acoplamento à base de hidrazonas são utilizados na biotecnologia médica para acoplar medicamentos a anticorpos específicos, por exemplo, anticorpos contra um determinado tipo de células cancerígenas. A ligação à base de hidrazona é estável a um pH neutro (no sangue), mas é rapidamente destruída no ambiente ácido dos lisossomas da célula. O fármaco é assim libertado na célula, onde exerce a sua função.[75]

Estudos da literatura revelaram que as hidrazonas e várias hidrazonas substituídas estão associadas a um amplo espetro de actividades biológicas, tais como actividades antioxidantes, antibacterianas, antivirais, analgésicas, antiplaquetárias, antimicrobianas e anticancerígenas, etc. A presente revisão centra-se nas diferentes actividades biológicas das hidrazonas. Espera-se que isto permita o desenvolvimento de novas estratégias inovadoras para o desenvolvimento de novos compostos.

2.2.1. Derivados de N'-acil hidrazonas com atividade antimalárica

A malária é uma doença causada por protozoários parasitas do género *Plasmodium* que afecta mais de 500 milhões de pessoas em todo o mundo e causa cerca de 2 milhões de mortes por ano. A propagação do *Plasmodium falciparum* multirresistente pôs em evidência a necessidade urgente de descobrir novos medicamentos antimaláricos.

O quelante aroil hidrazona 2-hidroxi-1-naftiladeído isonicotinoil hidrazona **1** mostrou maior atividade antimalárica do que o desfernoxamme contra parasitas sensíveis e resistentes à cloroquina.

Figure 2.1

Foram sintetizadas fenil-N -[(fenil substituído) metileno]-1H-pirazol-4-carbohidrazidas **2 substituídas** e os seus efeitos leishmanicidas e citotóxicos foram comparados com os fármacos protótipos (cetoconazol, benzimidazol, alopurinol e pentamidina) in vitro. Os derivados de 1H-pirazol-4-carbohidrazida com X=Br, Y=NO2 e X=NO2, Y=Cl demonstraram a maior atividade.[77]

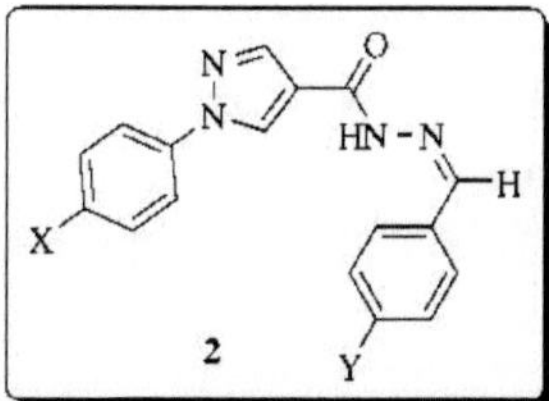

Figure 2.2

Uma série de N2-acridinil-hidrazonas- **3a-c** e N1-arilideno-N2-quinolil- **3d-g** foram sintetizadas e testadas quanto às suas propriedades antimaláricas. Os novos compostos sintetizados, incluindo **3d-g** e **3a-c,** mostraram uma atividade antiplasmódica contra a estirpe D10 sensível à cloroquina na mesma gama de cloroquina (CQ). Do mesmo modo, **3f** e **3g** apresentaram a mesma atividade que a CQ contra a estirpe 3D-7 sensível à cloroquina, enquanto o composto **3b** foi 10 vezes mais potente que a CQ. Os dois análogos **3b** e **3c** foram mais activos contra as estirpes W2 resistentes à CQ do que as estirpes D10 sensíveis à CQ.[78]

Figure 2.3

2.2.2. Derivados de N'-acil hidrazonas com atividade vasodilatadora

A terapia convencional para tratar a hipertensão envolve frequentemente a vasodilatação arterial. É importante encontrar novos vasodilatadores com potencial para uso clínico.

Um novo composto bioativo da classe das N-acil-hidrazonas, a 3,4-metilenodioxibenzoil-2-tienil-hidrazona **4**, denominada LASSBio-294, demonstrou ter efeitos inotrópicos e vasodilatadores. Foram concebidos e testados novos derivados da LASSBio-294 nas respostas contrácteis do músculo liso vascular do rato in vitro. As contracções da aorta induzidas pela fenilefrina foram inibidas pelos derivados N-metil-2-tienilideno-3,4-metilenodioxibenzoil-hidrazina, denominado LASSBio-785 e N-alil-2-tienilideno-3,4- metilenodioxibenzoil-hidrazina, denominado LASSBio-788. As concentrações necessárias para causar uma redução de 50% nas contracções máximas (IC50) foram 10,2 +/- 0,5 e 67,9 +/- 6,5 µM. É provável que a vasodilatação induzida por ambos os derivados seja mediada por um efeito direto no músculo liso, uma vez que não depende da integridade do endotélio vascular. O LASSBio-785 foi sete vezes mais potente do que o composto de referência LASSBio-294 (IC50 = 74 µM) na produção de um efeito vasodilatador independente do endotélio.[79]

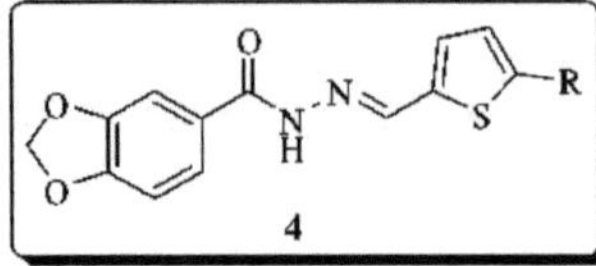

Figure 2.4

2.2.3. Derivados de N'-acil hidrazonas com atividade antiviral

A infeção pelo VIH e a SIDA representam uma das primeiras doenças para as quais a descoberta de medicamentos foi realizada inteiramente através de uma abordagem de conceção racional de medicamentos. Os regimes de tratamento actuais baseiam-se na utilização de dois ou mais fármacos que pertencem ao grupo de inibidores denominado terapia antirretroviral altamente ativa (HAART). Alguns compostos de tioureia foram considerados inibidores não-nucleósidos (NNI) da enzima transcriptase reversa (RT) do vírus da imunodeficiência humana (VIH). Foi relatado que essas hidrazonas são inibidores potentes da atividade da ribonucleótido redutase.

As N-arilaminoacetil-hidrazonas e os derivados O-acetilados das N-arilaminoacetil-hidrazonas de açúcar foram sintetizados e avaliados quanto à sua atividade antiviral contra o vírus Herpes simplex-1 (HSV-1) e o vírus da hepatite-A (HAV). Alguns compostos revelaram a maior atividade antiviral contra o HAV-27 e o HSV-1.[80]

2.2.4. Derivados de N'-acil hidrazonas com atividade antidepressiva

A iproniazida, a isocarboxazida e a nialamida, que são derivados da hidrazida, exercem a sua ação através da inibição da enzima monoamina oxidase (MAO). A inibição resulta num aumento dos níveis de norepinefrina, dopamina, tiramina e serotonina nos neurónios cerebrais e em vários outros tecidos. Existem muitos relatórios sobre a atividade antidepressiva / inibidora da MAO das hidrazonas derivadas de hidrazidas substituídas e produtos de redução. A nova hidrazida arilideno **5**, que foi sintetizada pela reação da hidrazida do ácido 3-fenil-5-sulfonamidoindole-2-carboxílico com vários aldeídos, foi avaliada quanto à sua atividade antidepressiva. Ácido 3-fenil-5-sulfonamidoindole-2-carboxílico 3,4-metilenodioxi/4- [81]

A hidrazida de metil/4-nitro benzilideno **5a-c** mostrou atividade antidepressiva a 100 mg/kg.[81]

Figure 2.2

A iproniazida, a isocarboxazida e a nialamida, que são derivados da hidrazida, exercem a sua ação através da inibição da enzima monoamina oxidase (MAO). A inibição resulta num aumento dos níveis de norepinefrina, dopamina, tiramina e serotonina nos neurónios do cérebro e em vários outros tecidos. Existem muitos relatórios sobre a atividade antidepressiva / inibidora da MAO das hidrazonas derivadas de hidrazidas substituídas e produtos de redução.

Dez novas arilidenohidrazidas **6**, sintetizadas pela reação da hidrazida do ácido 3-fenil-5sulfonamidoindole-2-carboxílico com vários aldeídos, foram avaliadas quanto à sua atividade antidepressiva. A hidrazida do ácido 3,4-metilenodioxi / 4-metil / 4-nitrobenzilideno 82 do ácido 3-fenil-5-sulfonamidoindole-2-carboxílico mostrou atividade antidepressiva a 100 mg/kg.[82]

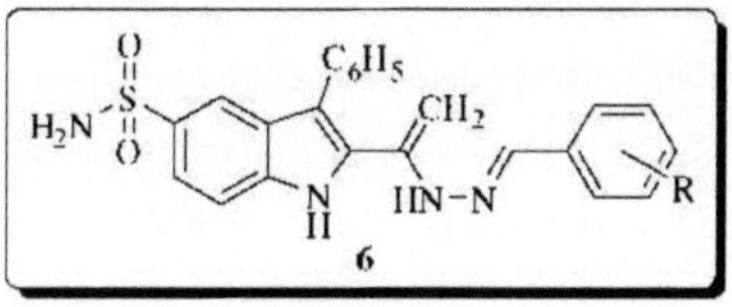

Figure 2.6

2.2.5. Derivados de N'-acil hidrazonas com atividade antituberculosa

Foram sintetizadas hidrazonas isonicotinoílicas a partir de um produto natural, o ácido anacárdico, um dos principais constituintes da casca da castanha de caju. A cadeia lateral insaturada do ácido anacárdico e o seu derivado 5-nitro foram convertidos em C8-aldeídos por clivagem oxidativa. Os C8-aldeídos são então acoplados à isoniazida para obter a N- isonicotinoil-N -8-[(2 - carbohidroxi-3 -hidroxi) fenil] octanal hidrazona **7**. Estas hidrazonas isonicotinoílicas de aldeídos anacárdicos mostraram uma atividade antimicobacteriana potente contra a mycobacterium smegmatis mc2155. Os estudos sinérgicos de 8a e 8b com isoniazida mostraram mais actividades inibitórias do que a isoniazida isolada. Estes compostos também mostraram atividade contra a mycobacterium tuberculosis H37 RV.[83]

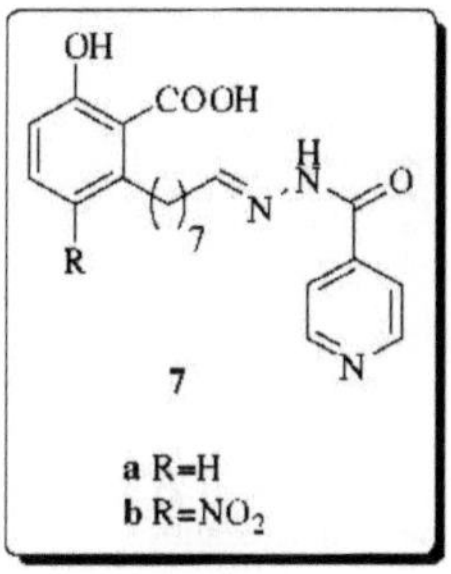

Figure 2.7

2.2.6. Derivados de N'-acil hidrazonas com atividade antitumoral

Demirbas et al. sintetizaram as novas hidrazidas-hidrazonas contendo o anel 5-oxo-[1, 2, 4] triazol **8**. Alguns destes compostos tiveram um efeito inibidor no crescimento micelial, enquanto que os compostos 8a e 8b apresentaram uma atividade antitumoral no cancro da mama.[84]

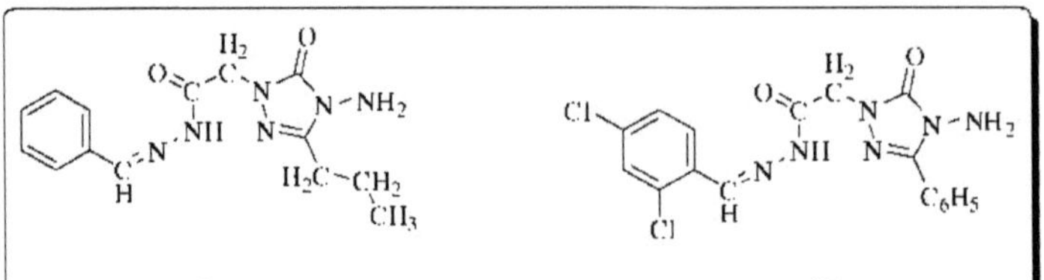

Figure2.8

N -substituído-benzilideno-3, 4, 5- trimetoxi benzohidrazida **9** foram sintetizados e avaliados quanto à sua atividade antitumoral contra algumas células cancerosas. Muitos compostos de hidrazona contendo a parte ativa (- CONH-N=CH-) mostraram uma boa atividade antitumoral. R=2-F, 3- F, 4-F, 4-CF3 foram altamente eficazes contra células PC3 e R=2-F, 4-F, 4- CF3 mostraram actividades moderadas contra B cap 37.[85]

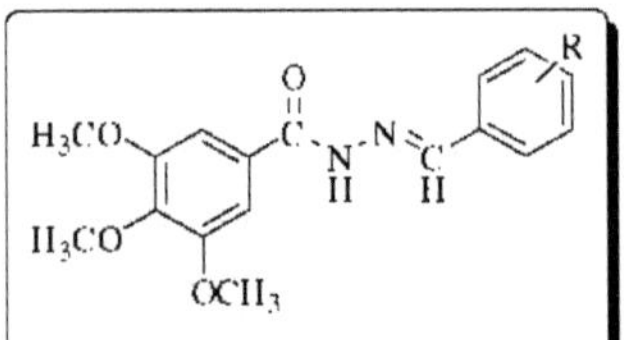

Figure 2.9

Foram sintetizados novos derivados de hidrazida-hidrazona **10a-c** e a sua utilização na síntese de derivados de cumarina, piridina, tiazol e tiofeno com atividade antitumoral.[86]

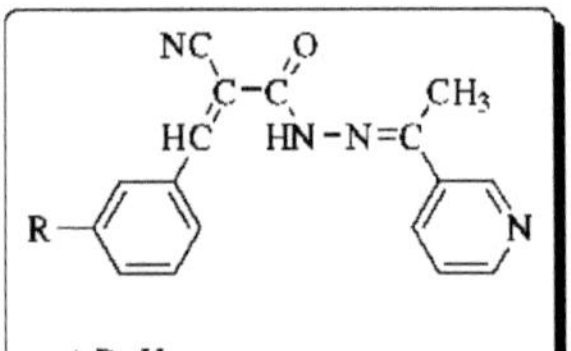

Figure 2.10

Atualmente, está a ser utilizada uma variedade de fármacos antitumorais. A procura de fármacos antitumorais levou à descoberta de várias hidrazonas com atividade antitumoral. Algumas das hidrazonas difenólicas mostraram uma inibição uterotrófica máxima de 70%, enquanto o composto **11** exibiu citotoxicidade na gama de 50 70% contra as linhas de células mamárias malignas humanas MCF-7 e ZR-75-1.[87]

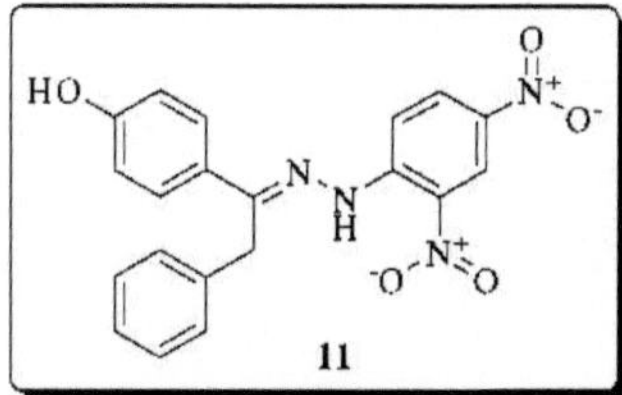

Figure 2.11

A N'-(1-{1-[4-nitrofenil-3-fenil-1H-pirazol-4-il}metileno)-2-clorobenzohidrazida **12** foi considerada a mais ativa, com inibição mediana do crescimento do painel completo, concentração total de crescimento e ponto médio do gráfico da concentração letal mediana de 3,79, 12,5 e 51,5 µM, respetivamente.[88]

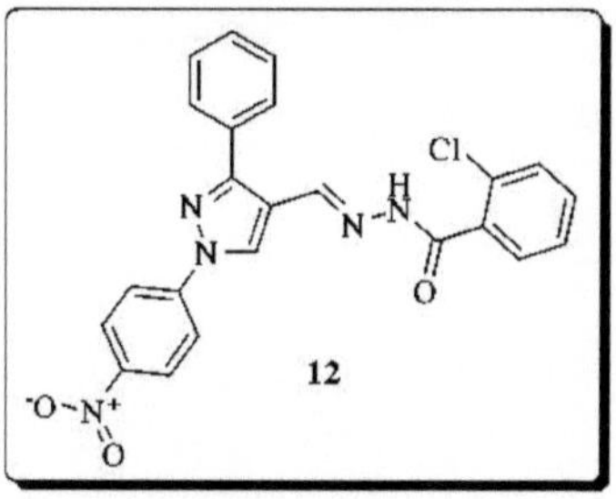

Figure 2.12

Foram sintetizadas algumas novas 2,6-dimetil-N'-substituídas-fenilmetilenoimidazo[2,1-b][1,3,4]tiadiazol-5-Carbohidrazidas **13**. (A 2,6-Dimetil-N'-(2-hidroxifenilmetilideno)imidazo[2,1b] [1,3,4]tiadiazol-5-carbohidrazida **13c** apresentou a citotoxicidade mais favorável. No rastreio in vitro das 60 linhas celulares de tumores humanos do National Cancer Institute, este composto demonstrou os efeitos mais marcantes na linha celular de cancro do ovário (valor OVCAR log10 GI50 -5,51).[89]

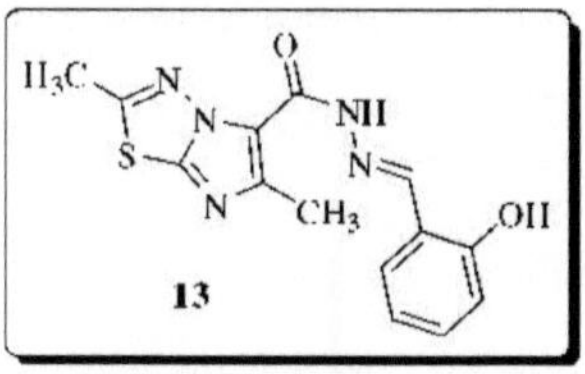

Figure 2.13

A 3-[[[(6-Cloro-3-fenil-4(3H)-quinazolinona-2-il)mercaptoacetil]hidrazono]-5-fluoro-1H-2-indolinona **14** apresentou a citotoxicidade mais favorável contra a linha celular de cancro renal UO-31 (valor log10 GI50 - 6,68).[90]

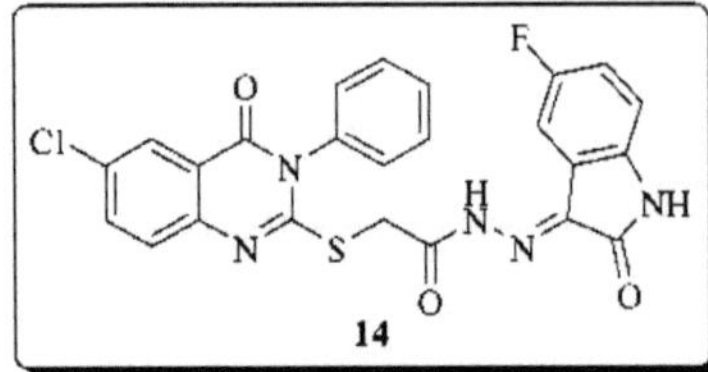

Figure 2.14

Verificou-se que alguns compostos recentemente sintetizados possuíam propriedades antiproliferativas. O composto mais ativo da série foi o derivado 3 e 5-metiltiofeno-2-carboxaldeído α-(N)heterociclohidrazonas **15**, que exibiu atividade de inibição do crescimento tumoral contra todas as linhas celulares com valores GI50 entre 1,63 e 26,5 μM.[91]

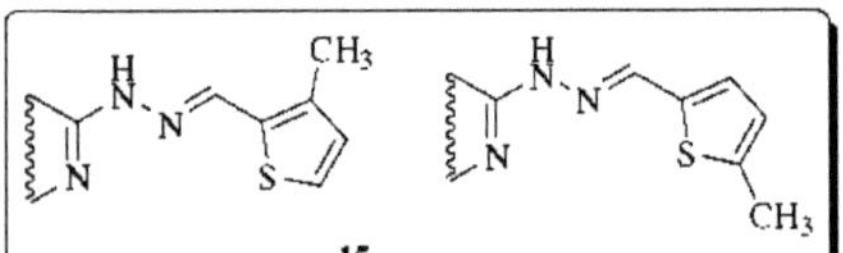

Figure 2.15

Verificou-se que a hidrazida **16a** do ácido 5-cloro-3-metilindole-2-carboxílico (4-nitrobenzilideno) detém as células T47D na fase G2/M do ciclo celular e induz apoptose, conforme medido pela análise de citometria de fluxo. Foi obtido um aumento de 20 vezes da atividade apoptótica do hit de rastreio para a hidrazida **16b do ácido** 5-metil-3-fenilindole-2-carboxílico (4-metilbenzilideno) e a hidrazida **16c** do ácido 5-cloro-3-fenilindole-2-carboxílico (4- nitrobenzilideno), com valores EC50 de 0,1 μM no ensaio de ativação da caspase em células de cancro da mama T47D. O composto **16c** também foi considerado altamente ativo num ensaio padrão de inibição do crescimento com um valor GI50 de 0,9 μM em células T47D. Verificou-se que o composto 16a e os seus análogos inibem a polimerização da tubulina, que é o mecanismo primário mais provável da ação destes compostos.[92]

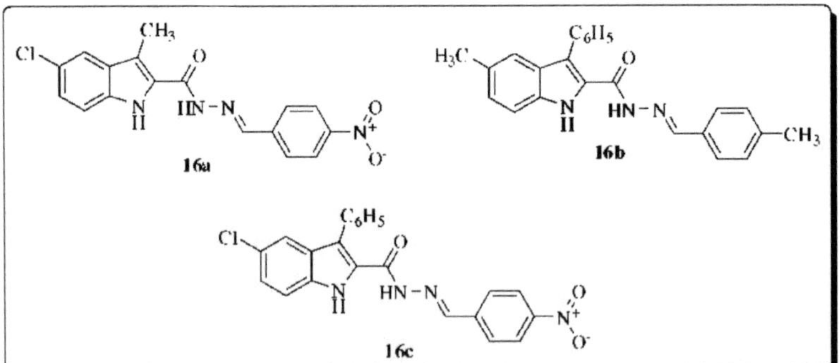

Figure 2.16

Os derivados de hidrazinopirimidina **17** foram avaliados quanto à sua atividade antitumoral in vitro em nove tipos diferentes de cancros humanos. Alguns dos compostos recém-preparados demonstraram efeitos inibitórios no crescimento de uma vasta gama de linhas celulares cancerígenas, geralmente em concentrações de 10-5 M a 10-7 M.[93]

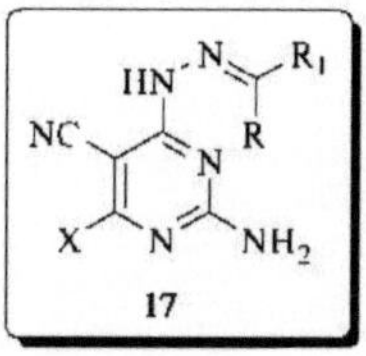

Figure 2.17

Várias hidrazonas de benzo[d]isotiazol foram testadas quanto à atividade antitumoral. O composto **18**, que contém um grupo hidroxi na posição o da porção benzilideno, foi o mais potente, com o IC50 contra as várias linhas celulares a variar entre 0,5 e 8,0 μM, actuando assim de forma tão potente como a 6mercaptopurina contra os tumores hematológicos.[94]

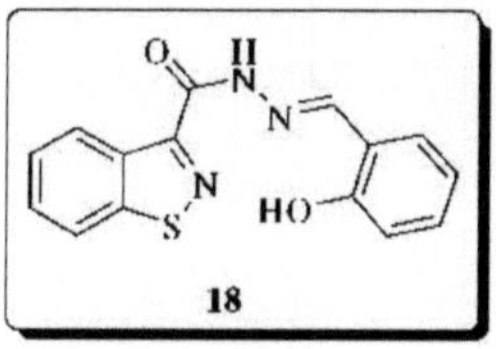

Figure 2.18

A série **19** de 6-Amino-4-aril-2-oxo-1-(1-pirid-3-il- ou 4-il-etilideno-amino)-1,2-dihidropiridina-3,5-di carbonitrilo apresentou uma elevada percentagem de inibição do crescimento tumoral a concentrações de 10-5 a 10-7 M em todas as linhas celulares cancerígenas.[95]

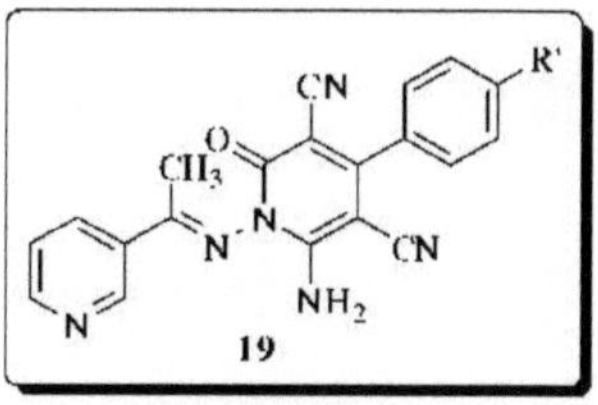

Figure 2.19

Duarte et al. descreveram a N'-(3,5-Di-tert-butil-4-hidroxibenzilideno)-6-nitro-1,3-benzodioxole-5-carbohidrazina **62** como um novo composto antiproliferativo. Observaram que **62** era capaz de inibir a proliferação de células T (66% a 10μM).[96]

Uma série de arilidenohidrazidas **20** foi sintetizada e avaliada no National Cancer Institue contra um painel completo de 60 linhas de células tumorais humanas. O composto **20c** demonstrou o maior efeito na linha celular de cancro da próstata.[97]

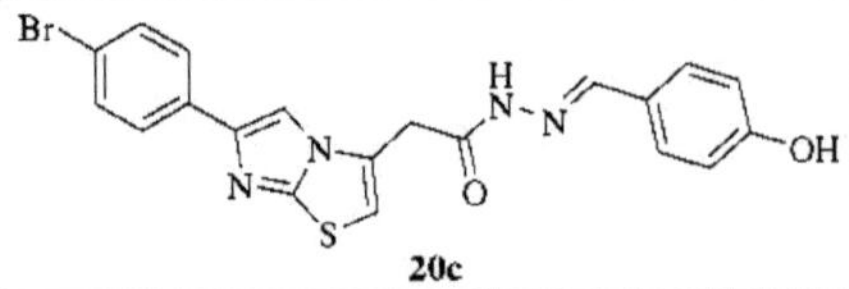

Figura 2.20

Tabela.2.2.1: hidrazonas substituídas com atividade antitumoral

S No.	Compound	Activity	Reference
1	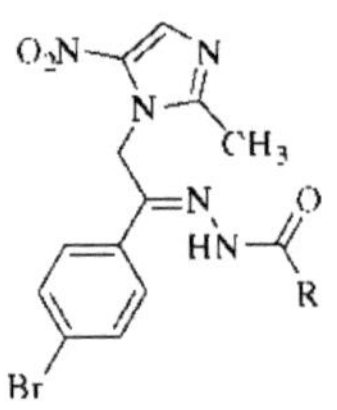	Anti-tumor	98

2	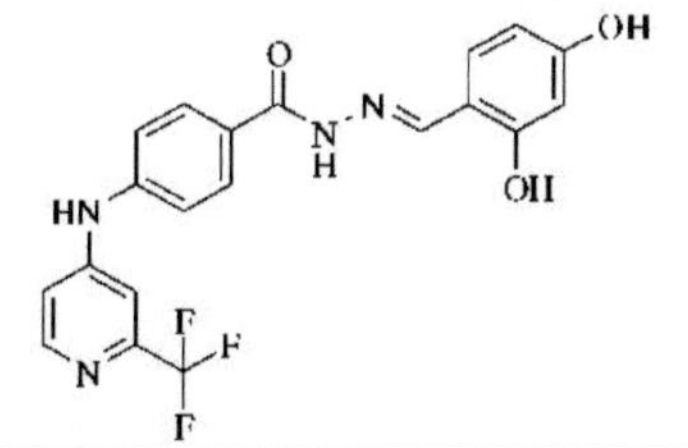	Anti-tumor	99
3	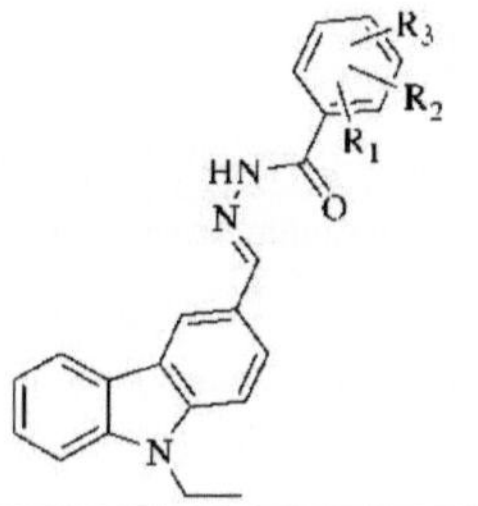	Anti-Cancer	100
4	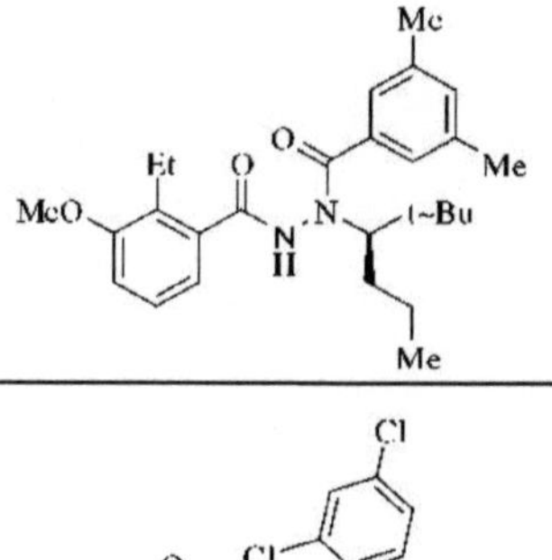	Anti-Cancer	101
5	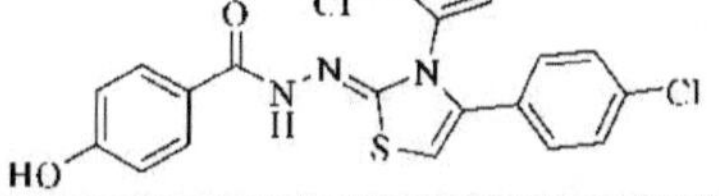	Anti-Cancer	102
6	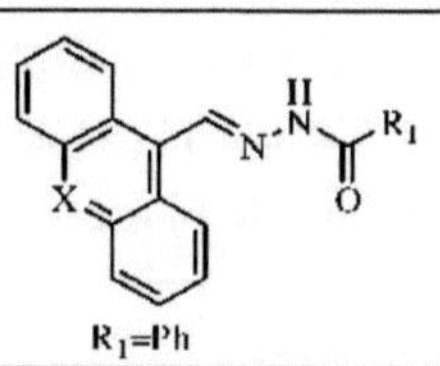	Anti-Cancer	103

2.2.7. Derivados de N'-acil hidrazonas com atividade antimicrobiana

A prevalência dramaticamente crescente de infecções microbianas multirresistentes nas últimas décadas tornou-se um grave problema de saúde. A procura de novos agentes antimicrobianos continuará, por conseguinte, a ser uma tarefa importante e exigente para os químicos medicinais.

Turan-Zitouni *et al.*, descobriram que a hidrazida de benzilideno do ácido 5-bromoimidazo[1,2-a]piridina-2-carboxílico **21a** e a hidrazida de benzilideno do ácido 5-bromoimidazo[1,2-a]piridina-2-carboxílico 4-metoxi

21b possuem atividade antimicrobiana a 3,9μg/mL contra *Efecalis* e *S. epidermis*.[104]

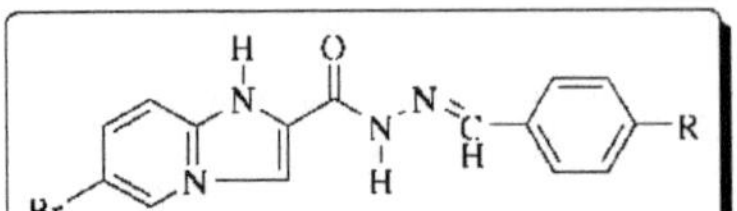

Figure 2.21

Rollas et al. sintetizaram uma série de hidrazonas **22** e 1,3,4-oxadiazolinas da hidrazida do ácido 4-fluorobenzóico como potenciais agentes antimicrobianos e testaram estes compostos quanto às suas actividades antibacterianas e antifúngicas contra S. aureus, E. coli, P. aeruginosa e C. albicans. Destes compostos, a hidrazida **22a** do ácido 4-fluorobenzóico[(5-nitro-2-furil)metileno] mostrou uma atividade igual à da ceftriaxona contra S. aureus. Além disso, os valores de CIM dos compostos **28c** e **28d** para a mesma estirpe estavam na gama dos valores comunicados para a ceftriaxona de acordo com o NCCLS 1997.[105]

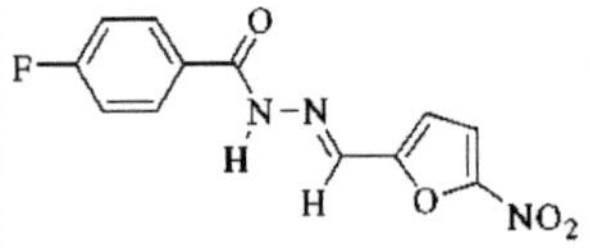

Figure 2.22

A prevalência dramaticamente crescente de infecções microbianas multirresistentes nas últimas décadas tornou-se um grave problema de saúde. A procura de novos agentes antimicrobianos continuará, por conseguinte, a ser uma tarefa importante e exigente para os químicos medicinais.

Os etil 2-aril-hidrazono-3-oxobutiratos **23** foram sintetizados com o objetivo de determinar as suas propriedades antimicrobianas. O composto **23a** mostrou uma atividade significativa contra S. aureus, enquanto os outros não tiveram uma atividade notável contra esta estirpe. O composto **23b** foi considerado mais ativo do que os outros contra Mycobacterium fortuitum com um valor MIC de 32 μg/ml.[106]

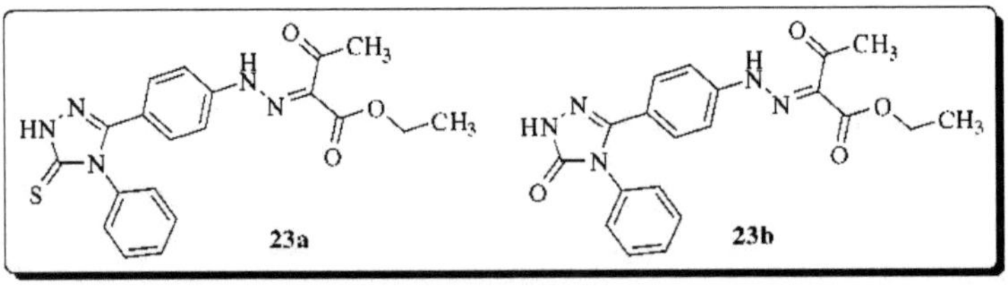

Figure 2.23

A N1-(4-metoxibenzamido)benzoil]-N2-[(5-nitro-2-furil)metileno]hidrazina **24** inibiu o crescimento de várias bactérias e fungos.[107]

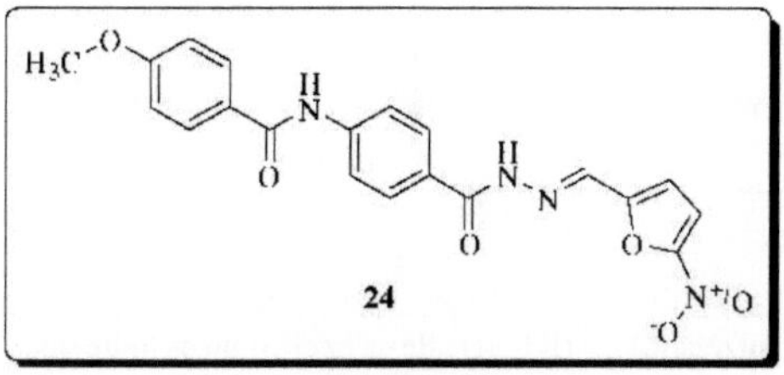

Figure 2.24

A nifuroxazida e seis análogos **25** foram sintetizados variando o substituinte na posição p do anel de benzeno e o heteroátomo do anel heterocíclico. Esses compostos foram avaliados quanto à sua atividade antimicrobiana contra S. aureus ATCC 25923 e mostraram-se ativos na concentração 0,16-63,00 µg/mL.[108]

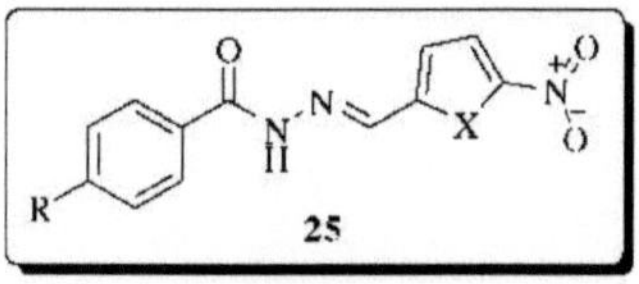

Figure 2.25

Foram sintetizadas hidrazidas do ácido alquilideno/arilideno-6-fenilimidazo[2,1-b]tiazol-3-acético **26** **substituídas** e avaliadas quanto à sua atividade antimicrobiana in vitro. Alguns compostos mostraram atividade antimicrobiana contra S. aureus ATCC 6538, S. epidermidis ATCC 12228, T.mentagrophytes var.Erinacei NCPF-375, T. rubrum e M. audounii (MIC 25-0,24 µg/mL).[109]

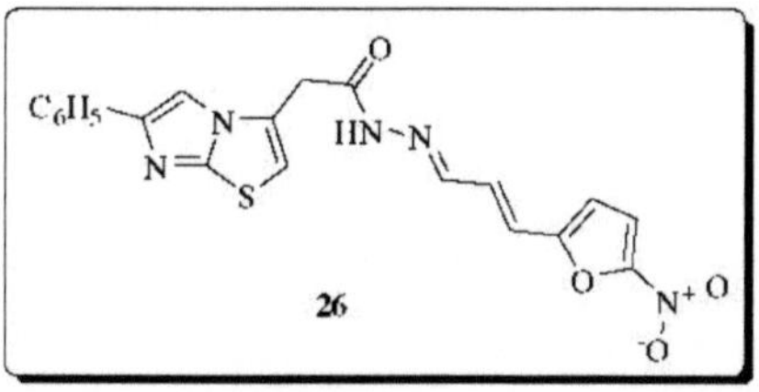

Figure 2.26

Turan-Zitouni et al. descobriram que a benzilideno-hidrazida **27a do** ácido 5-bromoimidazo[1,2-a]piridina-2-carboxílico e a 4-metoxibenzilideno-hidrazida **27b** do ácido 5-bromoimidazo[1,2-a]piridina-2-carboxílico possuíam atividade antimicrobiana a 3,9 µg/mL contra E. fecalis e S. Epidermis.[110]

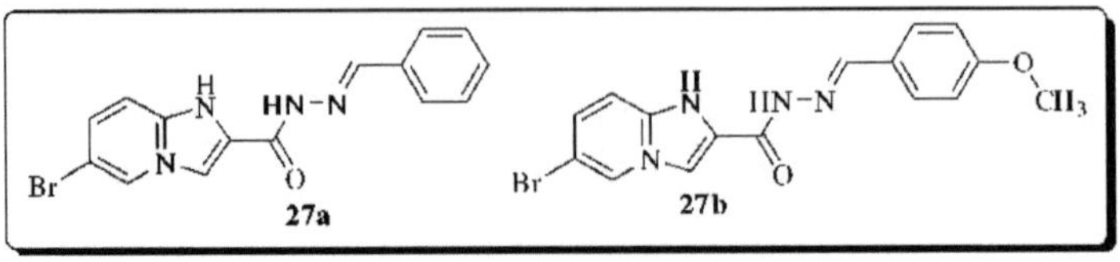

Figure 2.27

Uma série de hidrazonas derivadas de hidrazidas de 1,2-benzoisotiazol (R1=H) **28a-e**, bem como as hidrazidas de 1,2-benzoisotiazol cíclicas **28a** e **28b** e acíclicas **28c, 28d** e **28e**, foram sintetizadas e avaliadas como agentes antibacterianos e antifúngicos. Todos os derivados de 2-amino-1,2-benzisotiazol-3(2H)-ona, pertencentes às séries **28a** e **28b,** mostraram uma boa atividade antibacteriana contra bactérias Gram positivas. A maioria deles também foi ativa contra leveduras.[111]

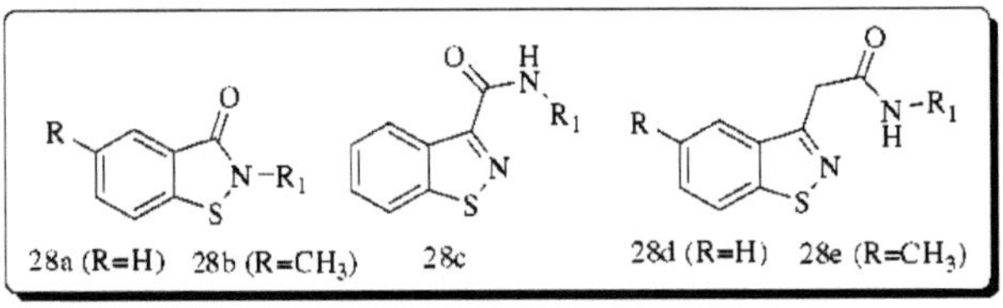

Figure 2.28

Küçükgüzel et al. Derivados de hidrazida-hidrazona de diflunisal sintetizados. A hidrazida **29a** do ácido 2',4'-difluoro-4-hidroxibifenil-3-carboxílico [(5-nitro-2-furil)metileno] mostrou atividade contra S. epidermis HE-5 e S. aureus HE-9 a 18,75 µg/mL e 37,5 µg/mL, respetivamente. A hidrazida **29e** do ácido 2',4'Difluoro-4-hidroxibifenil-3-carboxílico [(2,4,6-trimetilfenil)metileno] exibiu atividade contra Acinetobacter calcoaceticus IO-16 a uma concentração de 37,5 µg/mL, enquanto a Cefepima, o fármaco utilizado como padrão, se revelou menos ativa contra os mesmos microrganismos.[112]

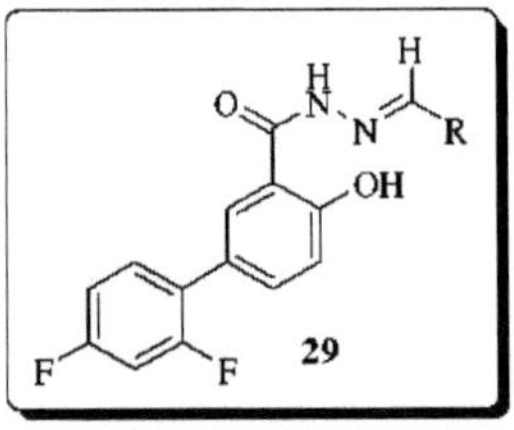

Figure 2.29

Uma série de hidrazonas sintetizadas a partir de vários derivados do colesterol **30** foram avaliadas quanto às suas propriedades antimicrobianas in vitro contra agentes patogénicos humanos. A atividade foi altamente dependente da estrutura dos diferentes compostos envolvidos. Os melhores resultados foram obtidos com derivados de colesterol tosil-hidrazona exibindo atividades contra C. albicans (CIP 1663-80) a uma concentração de 1,5 µg/mL.[113]

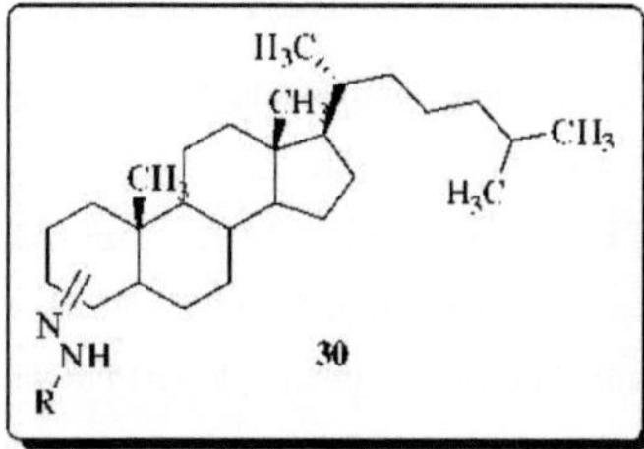

Figure 2.30

As hidrazidas do ácido benzoico 4-substituído [(5-nitro-tiofeno-2-il)metileno]31 foram sintetizadas como potenciais actividades bacteriostáticas e algumas delas mostraram efetivamente atividade bactericida.[114]

Figure 2.31

2.2.8. Derivados de N'-acil hidrazonas com atividade antimicobacteriana

A tuberculose é um grave problema de saúde que causa a morte de cerca de três milhões de pessoas por ano em todo o mundo.[115] Além disso, o aumento do número de estirpes de M. tuberculosis resistentes aos medicamentos antimicobacterianos de primeira linha, como a rifampicina e a INH, veio complicar ainda mais o problema, o que indica claramente a necessidade de medicamentos mais eficazes para o tratamento eficiente da tuberculose. Meyer e Mally prepararam novas hidrazonas através da reação da isoniazida (INH) com benzaldeído, o-clorobenzaldeído e vanilina.[42] Shchukina et al. prepararam hidrazidas-hidrazonas 1 de INH através da reação da INH com vários aldeídos e cetonas; os compostos foram reportados como tendo atividade em ratos que tinham sido infectados com várias estirpes de M. tuberculosis, e também indicaram menor toxicidade do que a INH.[116,117]

A reação da hidrazida do ácido 1-metil-1H-2-imidazo[4,5-b]piridinocarboxílico com aldeídos substituídos produziu as hidrazidas-hidrazonas correspondentes. O composto **32** exibiu atividade antimicobacteriana contra M.tuberculosis H37 Rv, M. tuberculosis 192, M. tuberculosis 210, isolado de pacientes e resistente a INH, etambutol, rifampicina em 31,2 μg/mL.[118]

Figure 2.32

Foram sintetizadas várias 2,3,4-pentanetrionas-3-[4-[[[(5-nitro-2-furil/piridil/substituído-fenil)metileno] hidrazino]carbonil]fenil]hidrazonas **33** diferentes. Todos os compostos sintetizados foram avaliados quanto à sua atividade antimicobacteriana contra M. fortuitum ATCC 6841 e M. tuberculosis H37Rv. Dos compostos rastreados, **33e** e **33g** foram considerados ativos contra M. fortuitum em um valor MIC de 32 µg/mL. O composto **33a**, que exibiu > 90% de inibição na triagem primária a 12,5 µg/mL contra M. tuberculosis H37Rv, foi o derivado mais promissor para a atividade antituberculose. Os resultados obtidos a partir do rastreio de nível II mostraram que os valores reais de CIM e IC50 de 32a foram 3,13 e 0,32 pg/iiiL, respetivamente. O mesmo composto foi também testado contra o Mycobacterium avium, que se observou não ser suscetível ao **33a**.[119]

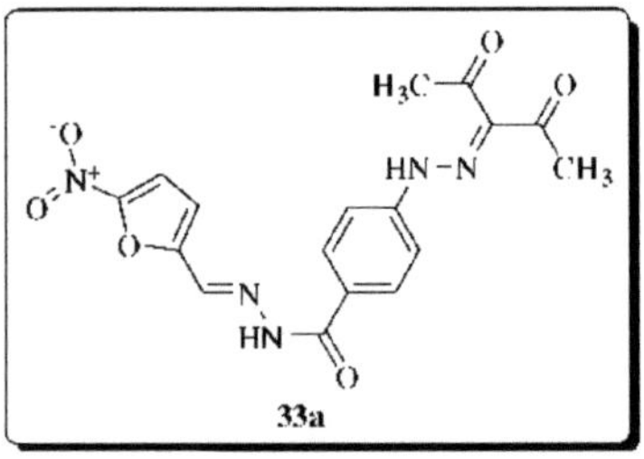

Figure 2.33

As isonicotinoil-hidrazonas foram posteriormente reagidas com piridinocarboxaldeídos para dar os correspondentes derivados piridilmetilenoamino **34**. As novas hidrazonas sintetizadas e os seus derivados piridilmetilenoamino foram testados quanto à sua atividade contra micobactérias, bactérias Gram-positivas e Gram-negativas. A citotoxicidade também foi testada. Vários compostos mostraram uma boa atividade contra o M. tuberculosis H37Rv e algumas isonicotinoil-hidrazonas mostraram uma atividade moderada contra um M. tuberculosis clinicamente isolado (6,25-50 µg/mL) que era resistente à INH.[120]

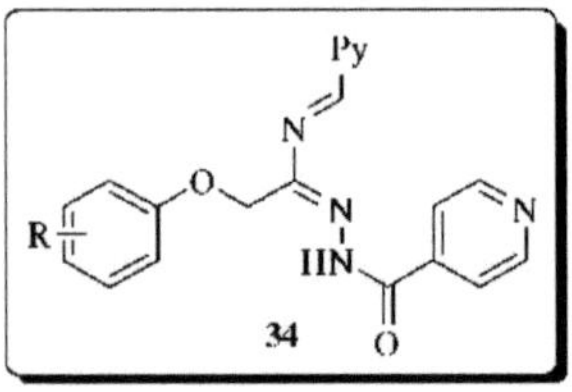

Figure 2.34

A reação de 2-acetilimidazo[4,5-b]piridina com INH produziu as hidrazidas-hidrazonas correspondentes **35**. Este composto exibiu atividade contra M. tuberculosis H37 Rv , M. tuberculosis 192, M. tuberculosis 210, isolado de doentes e resistente à INH, etambutol, rifampicina a 3,13 µg/mL.[121]

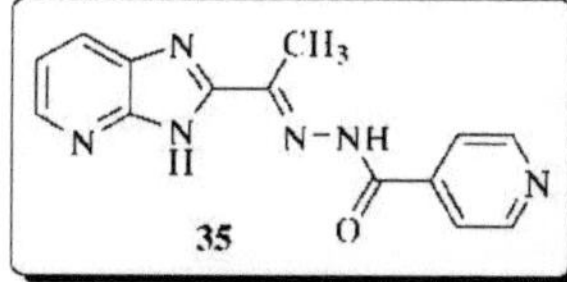

Figure 2.35

As hidrazidas do ácido N2-alquilideno/arilideno-6-fenilimidazo[2,1-b]tiazol-3-acético substituídas **36** foram sintetizadas e avaliadas quanto à atividade antimicobacteriana in vitro. Os compostos exibiram diferentes graus de inibição (17-98%) contra M. tuberculosis H37 Rv.[108]

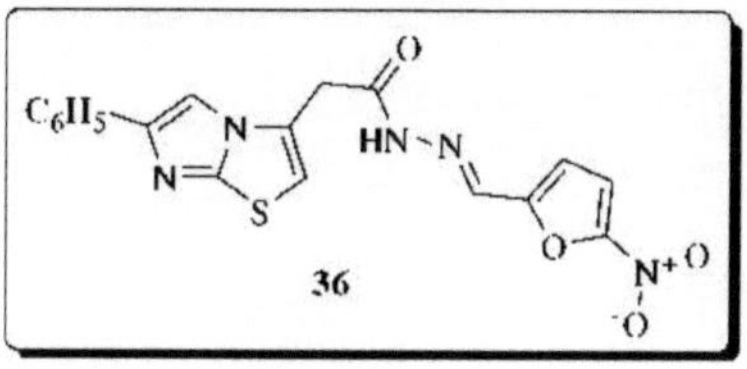

Figure 2.36

[5-(Piridina-2-il)-1,3,4-tiadiazol-2-il]tio]ácido acético derivados de arilideno-hidrazida **37** foram sintetizados e testados quanto à sua atividade antimicobacteriana in vitro. Alguns compostos apresentaram atividade a 20 µg/mL contra M. tuberculosis e a 40 µg/mL contra M. Avium.

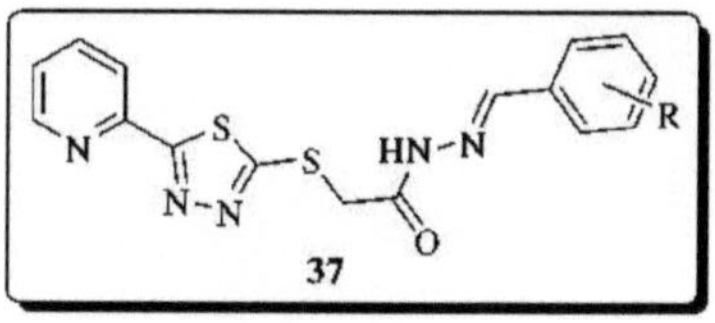

Figure 2.37

As hidrazidas do ácido N-alquilideno/arilideno-5-(2-furil)-4-etil-1,2,4-triazol-3-mercaptoacético **38** foram sintetizadas e avaliadas quanto à atividade antimicobacteriana in vitro. Os compostos exibiram diferentes graus de inibição (3-61%) contra M. tuberculosis H37 Rv a 6,25 µg/mL.[123]

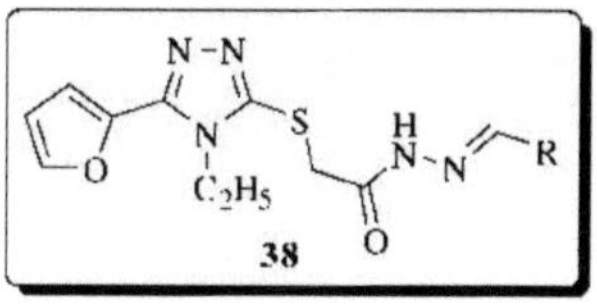

Figure 2.38

Uma série de 4-quinolil-hidrazonas **39** foi sintetizada e testada contra o M.tuberculosis H37Rv. A preparação dos compostos do título foi conseguida por reação de 4-quinolil-hidrazina e aril- ou heteroarilcarboxaldeídos. A maioria dos derivados tinha propriedades antituberculosas; dois compostos foram identificados com a maior atividade e foram testados também contra o M. Avium.[124]

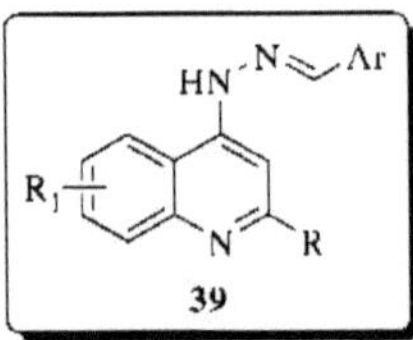

Figure 2..39

A série **40** de hidrazidas do ácido benzoico [(5-nitro-tiofeno-2-il)metileno] foi sintetizada e testada contra o M. tuberculosis H37Rv. Rando e colaboradores aplicaram a metodologia Topliss a um conjunto de análogos azotados. A hidrazida **40a** do ácido 4-metoxibenzóico[(5-nitrotiofeno-2-il)metileno] demonstrou ser a mais ativa, com um valor MIC de 2,0 µg/mL.

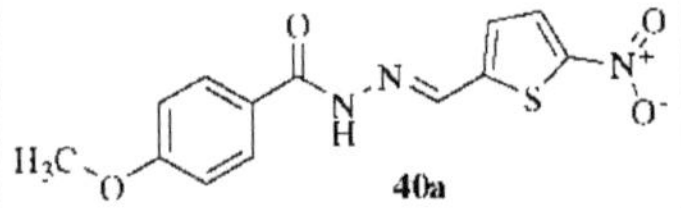

Figure 2.40

Ambos os produtos de hidrazona, 2-[(3,5-dimetilpirazol-4-il)hidrazono]-3-oxobutirato de etilo **41a** e 2-[(3,5-dimetilpirazol-4-il)hidrazono]-4-metoxi-3-oxobutirato de metilo **41b** apresentaram 29 e 28% de inibição contra o M. tuberculosis H37Rv, respetivamente.[126]

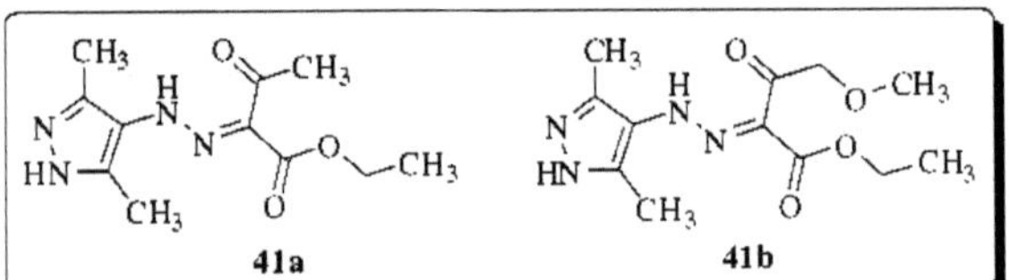

Figure 2.41

Os novos produtos de acoplamento **42** foram sintetizados e avaliados quanto à sua atividade antimicobacteriana contra M. tuberculosis H37Rv e M. avium. O composto 41b foi considerado o derivado mais potente desta série, com um valor de CIM de 6,25 pg/mL contra o M. tuberculosis H37Rv.

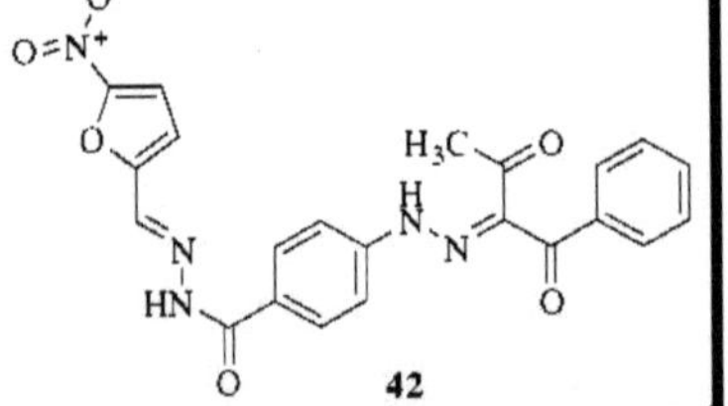

Figure 2.42

36

Os derivados de hidrazida do ácido [5-(piridina-2-il)-1,3,4-tiazol-2-il]acético (3,4-diaril-3H-tiazol-2-ilideno)**43** foram sintetizados e testados quanto à sua atividade antimicobacteriana in vitro contra três estirpes. O composto **43s** foi exibido em 20 µg/mL contra M.tuberculosis 190, isolado de 128 aspirados brônquicos.

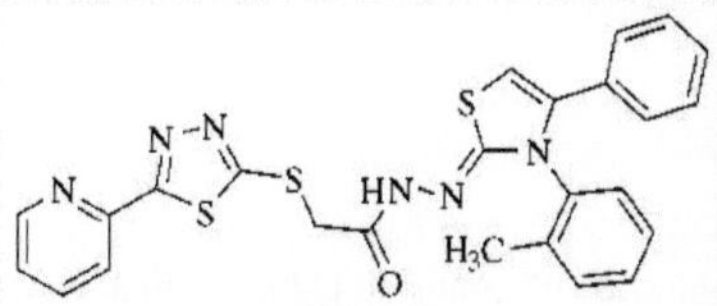

Figure 2.43

Verificou-se que a N'-{1-[2-hidroxi-3-(piperazina-1-il-metil)fenil]etilideno}isonicotinohidrazida **44 era** o composto mais ativo com uma CIM de 0,56 µM, sendo mais potente do que a INH (CIM de 2,04 µM). Após 10 dias de tratamento, o mesmo composto diminuiu a carga bacteriana no tecido pulmonar murino em 3,7 log10 em comparação com os controlos, o que foi equipotente à INH.[129]

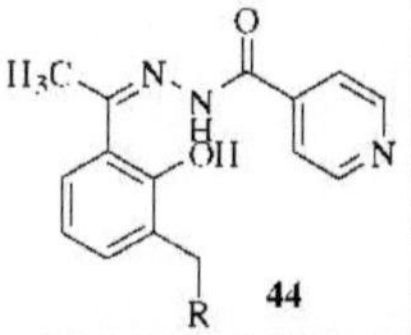

Figure 2.44

Como parte de uma pesquisa em curso para as novas isonicotinoil-hidrazonas relacionadas com a isoniazida (ISNEs), as isonicotino-hidrazidas 2'monossubstituídas e os cianoboranos **45a-e** foram estudados e avaliados in vitro na triagem antimicobacteriana avançada. Alguns dos compostos testados apresentaram excelentes (MICs variando de 0,025 a 0,2 µg/mL) a moderados (6,25 a 12,5 µg/mL) MICs contra cepas resistentes ao etambutol e à rifampicina.[130]

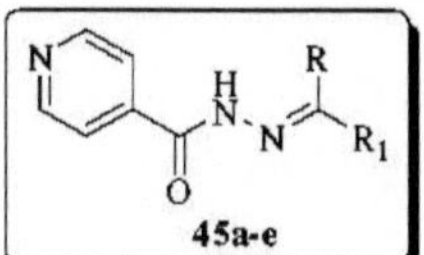

Figure 2.45

Novas fluoroquinolonas **46** contendo uma estrutura de hidrazona foram sintetizadas e avaliadas in vivo contra M. tuberculosis H37Rv em ratos albinos suíços por Shindikar et al. Os resultados do estudo indicam a potente atividade antituberculosa dos compostos testados.[131]

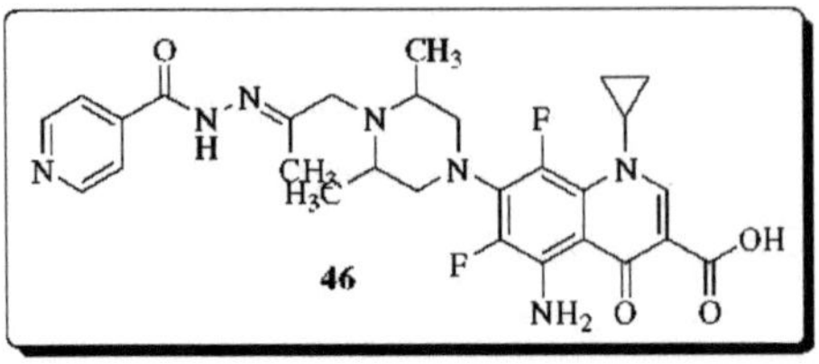

Figure 2.46

Os derivados N'-Arilideno-N-[2-oxo-2-(4-aril-piperazin-1-il)etil]hidrazida **47** contendo hidrazida-hidrazonas INH foram sintetizados e avaliaram a atividade antimicobacteriana contra M. tuberculosis H37Rv ATCC 27294 e isolados clínicos de M. tuberculosis. O composto 50h mostrou atividade in vitro contra o M. tuberculosis H37Rv ATCC 27294 (a 1 pg/ml J e isolados clínicos (sensíveis e resistentes a 0,25-0,5, 24 pg/mL, respetivamente).

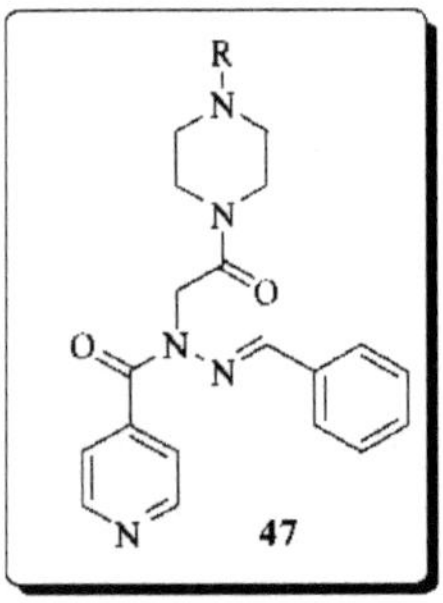

Figure 2.47

Sriram et al. sintetizaram uma nova série de agentes antimicobacterianos **48** contendo hidrazida-hidrazonas INH. A 1-(4-Fluorofenil)-3-(4-{1-[piridina-4-carbonil)hidrazono]etil}fenil)tioureia 51d foi considerada o composto mais potente, com CIM de 0,49 µM contra o M. tuberculosis H37Rv e o M. tuberculosis resistente à INH.[133]

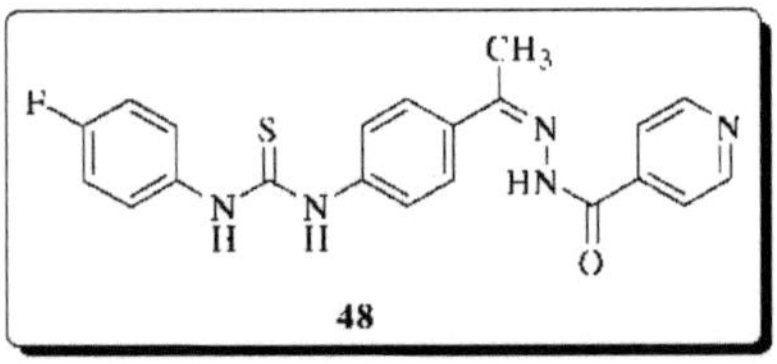

Figure 2.48

Em 2006, Nayyar et al. descobriram que os compostos mais activos do tipo **49**, N-(2-fluorofenil)-N'quinolina-2-il-metileno-hidrazina, N-(2-adamantan-1-il)-N'-quinolina-4-il-metileno)-N'-4-fluorofenil)hidrazina e N-(2-ciclohexil)-N'-quinolina-4-il-metileno)-(2-fluorofenil)hidrazina exibiram uma inibição de 99% na concentração mais baixa testada de 3.125 pg/mL contra a estirpe H37 de M. tuberculosis sensível aos medicamentos.[134]

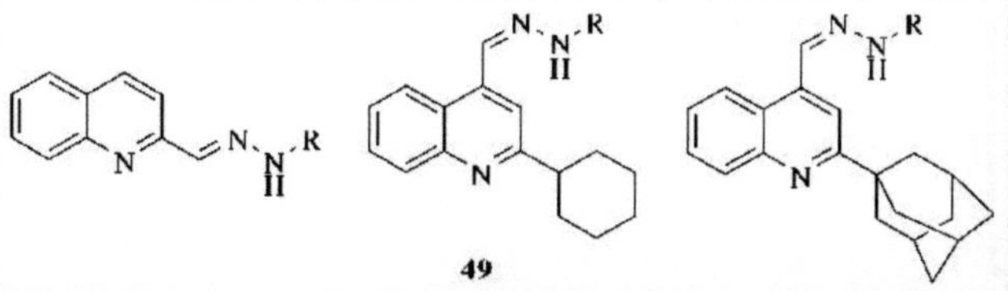

Figure 2.49

Várias hidrazonas do ácido diclofenaco **50** foram sintetizadas e avaliadas quanto às suas actividades antimicobacterianas contra M. tuberculosisin vitro e in vivo. Os resultados preliminares indicaram que a maioria dos compostos demonstrou uma melhor atividade antimicobacteriana in vitro em concentrações que variaram entre 0,0383 e 7,53 µM.[135]

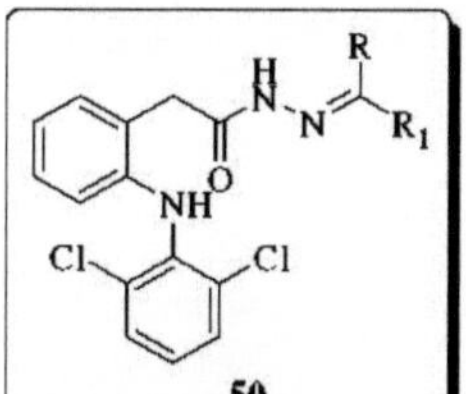

Figure 2.50

As hidrazidas-hidrazonas **51**, baseadas em séries de ácido benzoico 4-substituído, foram sintetizadas e analisadas quanto à atividade antituberculose. A hidrazida 4-fluorobenzóica [(5-nitrotiofeno-2-il)metileno]hidrazida **51a** apresentou a maior inibição (99%) a um nível de concentração constante (6,25 µg/mL).[136]

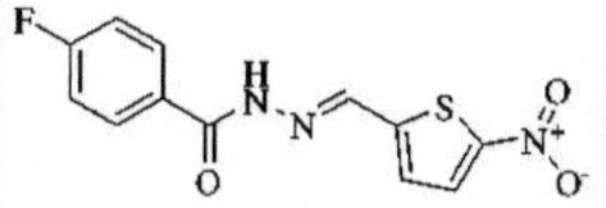

Figure 2.51

Dezasseis novas hidrazonas **52** contendo um anel de pirrol foram sintetizadas como potenciais tuberculostáticos e nove mostraram 92-100% de inibição de M. tuberculosis H37Rv a 6,25 µg/mL. Duas pistas exibiram baixas concentrações inibitórias mínimas (MIC) e excelentes índices de seletividade (SI).[137]

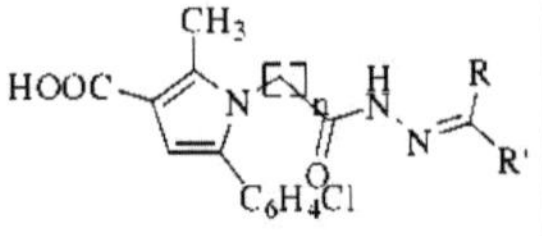

Figure 2.52

N-[3-({2-[(2E)-2-Benzylidenehydrazino]-2-oxoethyl}sulfanyl)-5-(-({2[(acetyl)amino]-1,3-thiazol-4-yl}
methyl)-4H-1,2,4-triazol-4-yl]-3-nitrobenzamide **53a** and N-[3-({2-[(2E)-2-benzylidenehydrazino]-2-
oxoethyl}sulfanyl)-5-(-({2[(benzoyl)amino]-1,3-tiazol-4-il}metil)-4H-1,2,4-triazol-4il]-3-nitrobenzamida
53b demonstraram ser os mais activos, com valores de CIM que variam entre 0.39 a 0,78μM.[138]

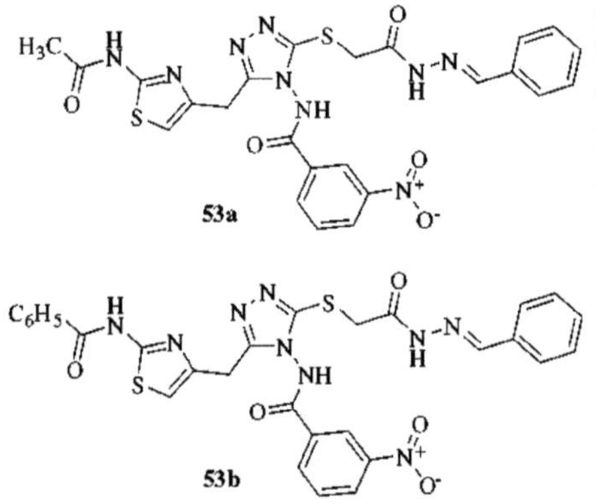

Figure 2.53

Foi sintetizada uma série de hidrazonas **54 a** partir de INH, pirazineamida, ácido p-aminossalicílico (PAS),
etambutol e ciprofloxacina. O ácido 2-hidroxi-4-{[(isonicotinoil-hidrazono)metil]amino}benzoico 54d
mostrou a maior inibição (96%) do M. tuberculosis H37Rv a 0,39 μg/mL.[139]

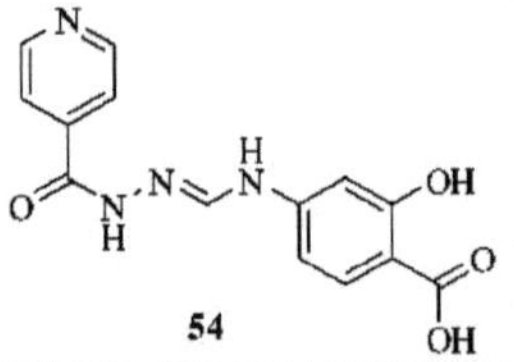

Figura 2.54

Tabela.2.2.2: Hidrazonas substituídas com atividade antimicrobiana

S No.	Compound	Activity	Reference
1	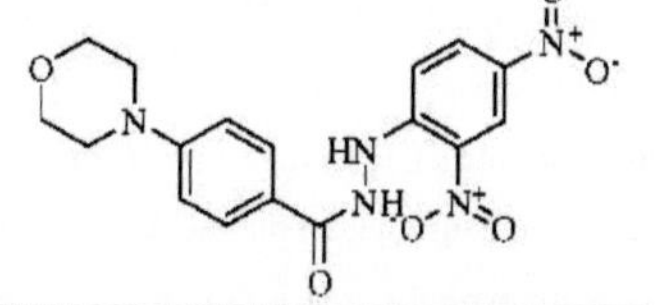	Anti-bacterial and Anti-fungal	140
	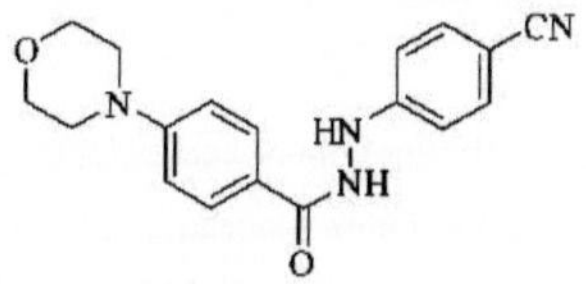	Anti-bacterial and Anti-fungal	140
2	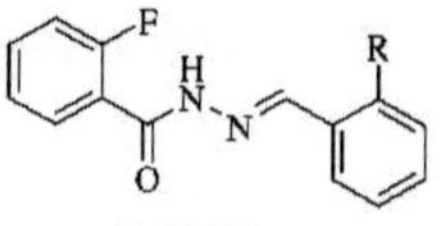 R=F, NO$_2$	Anti-bacterial	141
3	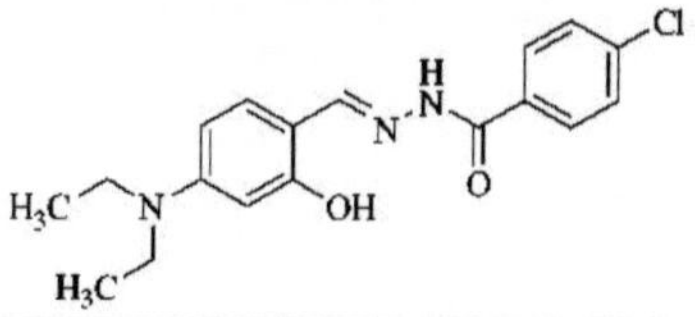	Anti-bacterial	142
4	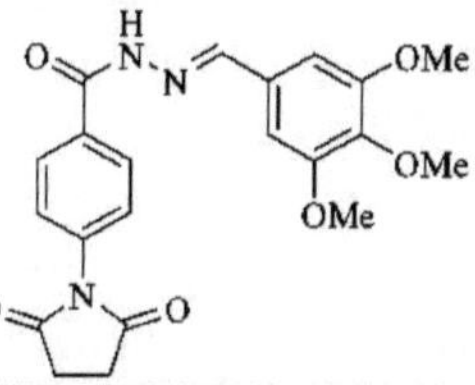	Anti-bacterial	143
5	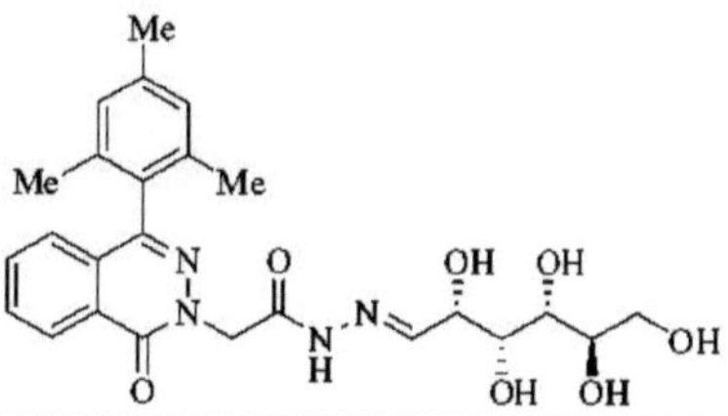	Anti-bacterial and Anti-fungal	144
6	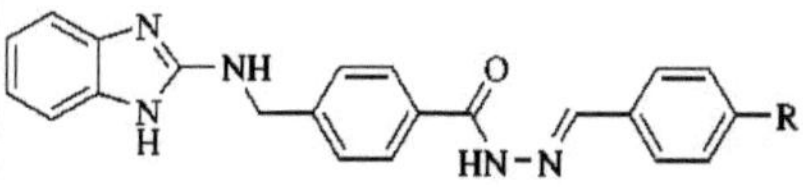	Anti-fungal	145

2.2.9. Derivados de N'-acil hidrazonas com atividade anti-inflamatória, analgésica e antiplaquetária

Os anti-inflamatórios não esteróides (AINE) têm uma vasta utilização clínica no tratamento de doenças inflamatórias e dolorosas, incluindo a artrite reumatoide, lesões dos tecidos moles e da cavidade oral, infecções do trato respiratório e febre. As duas isoformas da ciclo-oxigenase (COX) são dificilmente distinguíveis pela maioria dos AINE clássicos e estes agentes inibem extensivamente a COX-1, para além da COX-2, conduzindo a lesões gastrointestinais, à supressão da formação de TXA2 e à agregação plaquetária. A combinação destas interacções é provavelmente a razão da hemorragia gastrointestinal como a complicação mais grave destes medicamentos. Algumas evidências sugerem que a porção de hidrazona presente em alguns compostos possui um carácter farmacofórico para a inibição da COX.

Foram sintetizados compostos de acil aril hidrazona funcionalizados com N-heterocíclicos e avaliados quanto à sua atividade analgésica e anti-inflamatória. Estes compostos foram planeados estruturalmente aplicando estratégias clássicas de bioisosterismo de anel na 4-acil-(N-fenil pirazolil)-aril hidrazona. O para-substituinte **55** no farmacóforo acil aril hidrazona confere uma atividade anti-inflamatória boa e persistente.[146]

Figure 2.55

Gokhan-kelekci et al. sintetizaram hidrazonas contendo 5-metil-2-benzoxazolina. Verificou-se que os efeitos analgésicos da 2-[2- (5-metil-2-benzoxazolina-3-il) acetil]-4-cloro-/4-metil benzilideno hidrazina **(56a&56b)** **eram** superiores aos da morfina e da aspirina. Além disso, a 2-[2-(5-metil-2- benzoxazolina-3-il) acetil]-4metoxi-benzilideno hidrazona **56c** na dose de 200mg/kg apresentou a maior atividade anti-inflamatória.[147]

Figure 2.56

O derivado anti-inflamatório mais importante 2-(2-formilfuril)piridil-hidrazona **57** apresentou uma inibição de 79% da pleurisia numa dose de 80,1 µmol/kg. Os autores também descreveram os resultados relativos ao mecanismo de ação desta série de derivados N-heterocíclicos na agregação plaquetária, que sugere um mecanismo sequestrador de Ca2+. O composto **57** foi capaz de complexar o Ca2+ em experiências invitro na concentração de 100 µM, indicando que estas séries de compostos podem atuar como scavenger de Ca2+ dependendo da natureza da porção aril presente na subunidade imina.[148]

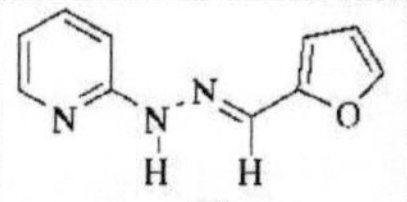

Figure 2.57

Foi sintetizada uma nova série de compostos antinociceptivos que pertencem à classe das N-acilcaril-hidrazonas a partir de safrol natural.[(4'-N,N-Dimetilaminobenzilideno-3-(3',4'-metilenodioxifenil) propionil-hidrazina] **58** foi mais potente do que a dipirona e a indometacina, que são utilizadas como fármacos anti-inflamatórios/antinociceptivos padrão.[149]

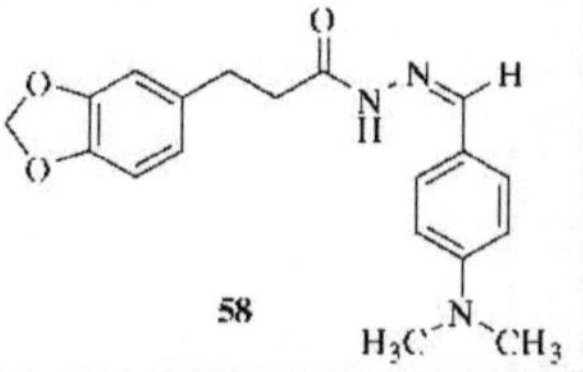

Figure 2.58

A atividade antiplaquetária dos novos derivados tricíclicos da acil-hidrazona **59** foi avaliada pela sua capacidade de inibir a agregação plaquetária do plasma rico em plaquetas de coelho induzida pelo fator de ativação plaquetária (PAF) a 50 nM. Benzilideno- / 4'-bromobenzilideno 3-hidroxi-8-metil-6-fenilpirazolo[3,4b]tieno-[2,3- d]piridina-2-carbohidrazida foram avaliados a 10 µM, apresentando, respetivamente, 10,4 e 13,6% de inibição da agregação plaquetária induzida pelo PAF.[150]

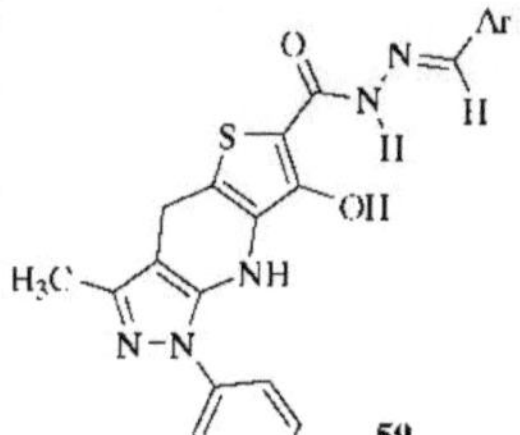

Figure 2.59

A avaliação do perfil antiagregante plaquetário permitiu a identificação de um novo protótipo potente de derivado antiplaquetário, o benzilideno 10H-fenotiazina-1-carbohidrazida (IC50=2,3 µM) **60**, que actua na via do ácido araquidónico provavelmente por inibição da enzima COX-1 plaquetária. Além disso, a alteração do grupo para-substituinte da estrutura da acil-hidrazona permitiu identificar um derivado de carboxilato hidrofílico e um derivado de bromo hidrofóbico como dois novos analgésicos que são mais potentes do que a dipirona, que é o padrão, possuindo um mecanismo de ação seletivo periférico ou central.[151]

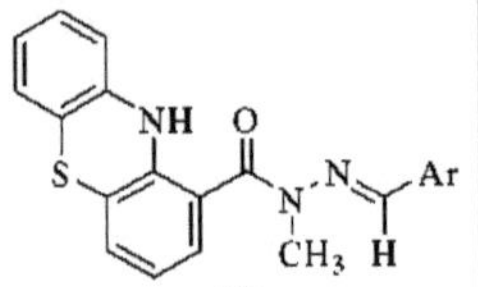

Figure 2.60

Gokhan-Kelekçi et al. sintetizaram hidrazonas contendo 5-metil-2-benzoxazolina. Verificou-se que os efeitos analgésicos da 2-[2-(5-metil-2-benzoxazolina-3-il)acetil]-4-cloro- / 4-metil benzilideno hidrazina **61a** e **61b** **eram** superiores aos da morfina e da aspirina. Além disso, a 2-[2(5-metil-2-benzoxazolina-3-il)acetil]-4-metoxibenzilideno hidrazina **61e** na dose de 200 mg/kg apresentou a maior atividade anti-inflamatória.

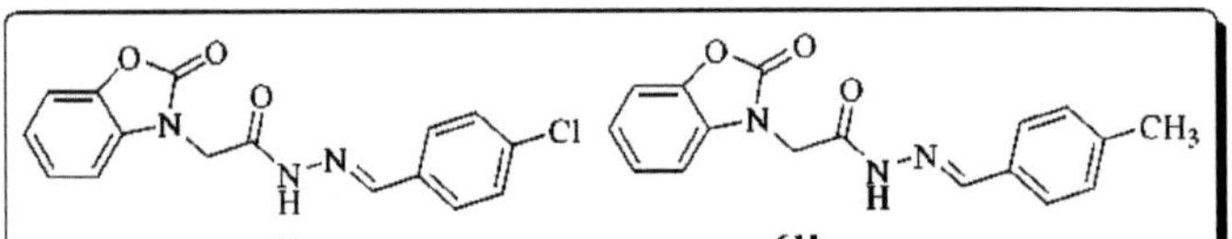

Figure 2.61

Duarte et al. descreveram a N'-(3,5-Di-tert-butil-4-hidroxibenzilideno)-6-nitro-1,3-benzodioxole-5-carbohidrazina **62** como um novo composto anti-inflamatório.[96]

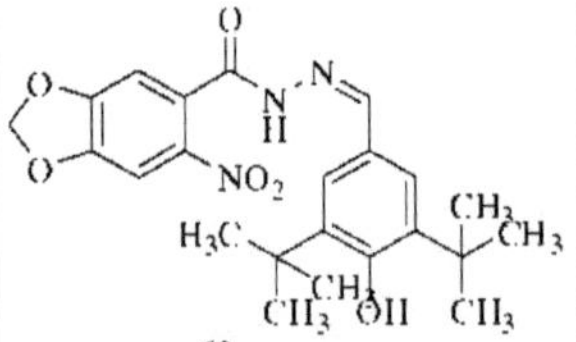

Figure 2.62

Tabela.2.2.3: Hidrazonas substituídas com atividade analgésica e anti-inflamatória.

S No.	Compound	Activity	Reference
1	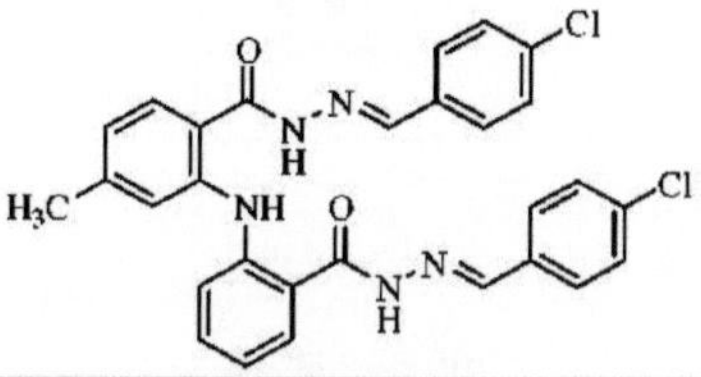	Anti-inflammatory	153
2	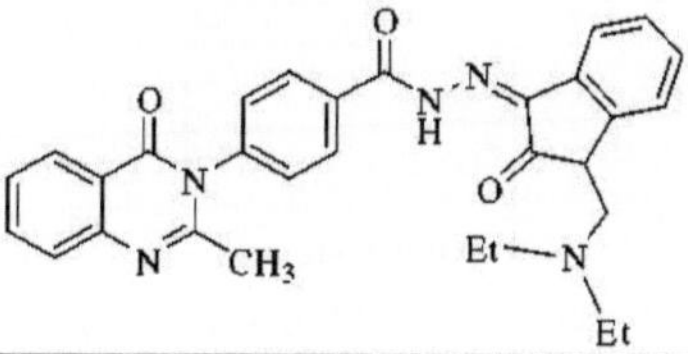	Analgesic and Anti-inflammatory	154
3	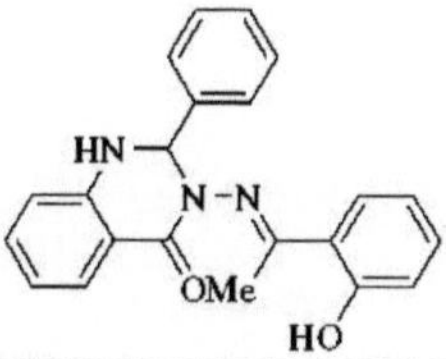	Analgesic and Anti-inflammatory	155
4	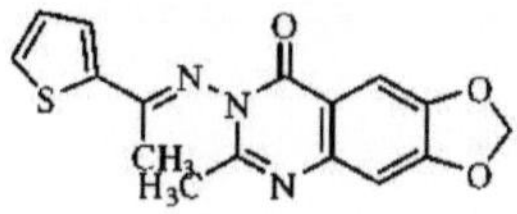	Analgesic	156

5	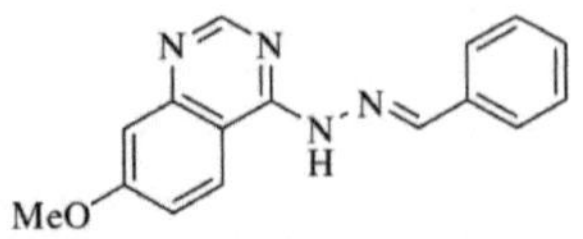	Analgesic	157
6	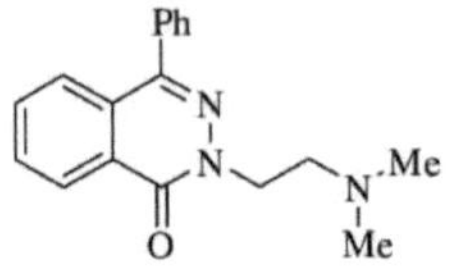	Analgesic and Anti-inflammatory	158
7	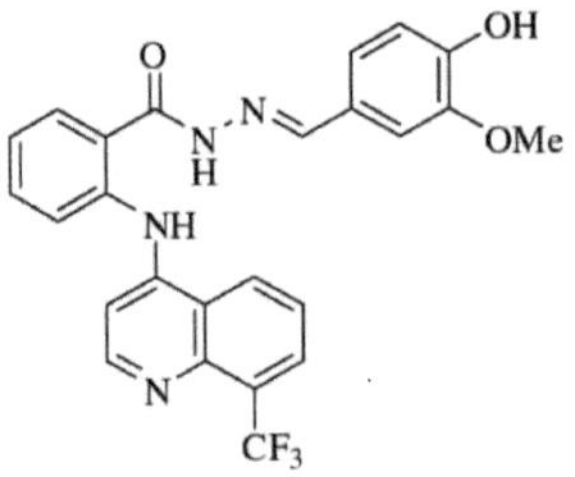	Analgesic and Anti-inflammatory	159
8	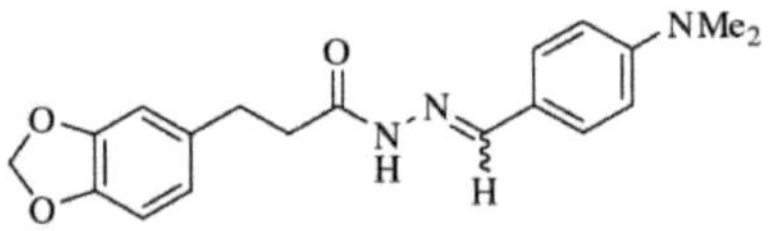	Analgesic	160

Tabela.2.2.4: Hidrazonas substituídas com atividade antiplaquetária

S No.	Compound	Activity	Reference
1	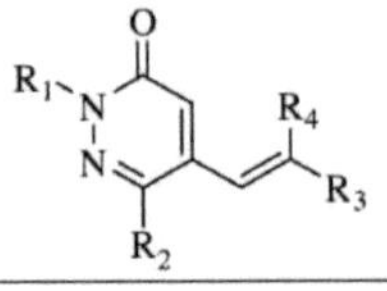	Anti-Platelet Activity	161
2	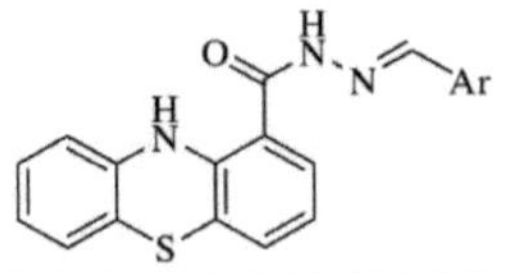	Anti-Platelet Activity	151

3	R=CH₃	Anti-Platelet Activity	162
4		Anti-Platelet Activity	163
5		Anti-Platelet Activity	164

2.2.10. Derivados de N'-acil hidrazonas com atividade anticonvulsivante

A epilepsia é uma doença neurológica comum e um termo coletivo dado a um grupo de síndromes que envolvem atividade eléctrica anormal, espontânea e intermitente no cérebro. A farmacoterapia da epilepsia foi arquivada durante a última década. Além disso, embora nos últimos vinte anos tenham sido introduzidos na prática clínica novos fármacos antiepilépticos, o teste do eletrochoque máximo (MES) e o teste do pentilenotetrazol subcutâneo (scPTZ) são os modelos animais de epilepsia mais utilizados para caraterizar a atividade anticonvulsivante.

Os resultados biológicos revelaram que, de um modo geral, as acetil-hidrazonas **63a** proporcionam uma boa proteção contra as convulsões, enquanto as oxamoil-hidrazonas **63b** são significativamente menos activas.[165]

Figura 2.63

Foram sintetizadas quinze novas hidrazonas de (2-oxobenzoxazolina-3-il)acetohidrazida **64** e a sua atividade antiepiléptica foi testada no teste scPTZ. Verificou-se que o derivado 4-fluoro era mais ativo do que os outros.[166]

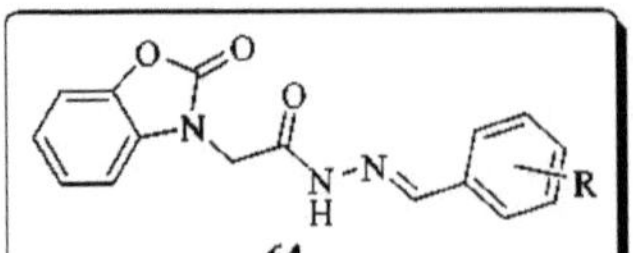

64

Figure 2.64

O ácido 4-amino-butírico (GABA) é o principal neurotransmissor inibitório no cérebro dos mamíferos. As hidrazonas GABA **65** foram concebidas e sintetizadas e avaliadas quanto às suas propriedades anticonvulsivas em diferentes modelos animais de epilepsia, tais como MES, scPTZ, estricina subcutânea (scSTY) e testes de convulsões induzidas por picrotoxina intraperitoneal (ipPIC). Alguns dos compostos foram eficazes nestes modelos.[167]

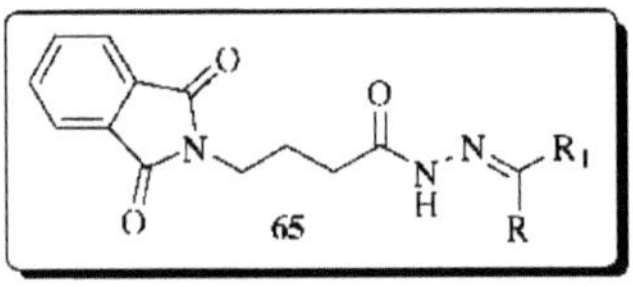

65

Figure 2.65

Tabela.2.2.5: Hidrazonas com atividade anticonvulsivante

S No.	Compound	Activity	Reference
1	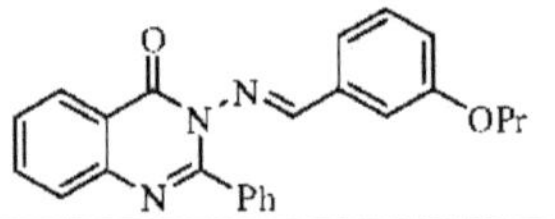	Anti-convulsant	168
2	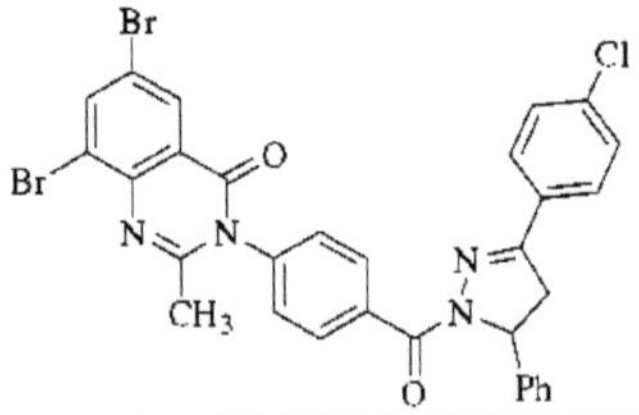	Anti-convulsant	169

3	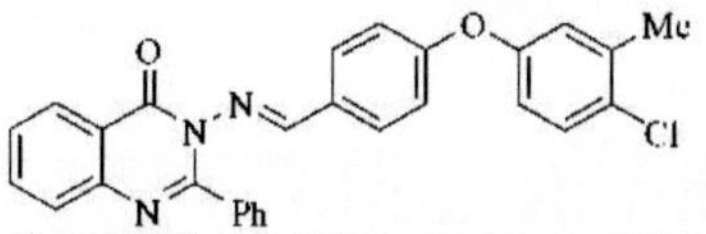	Anti-convulsant	170
4	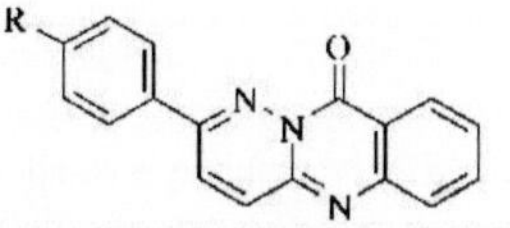	Anti-convulsant	171
5	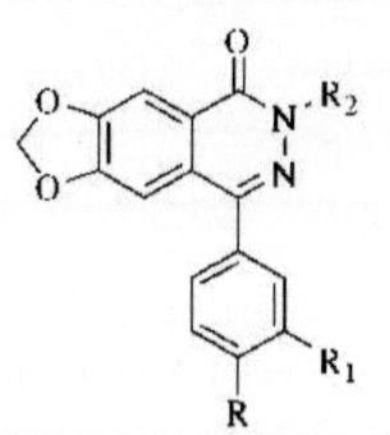	Anti-convulsant	172

Capítulo 3

Aplicação da hidrazona de acilo

3.1. Hidrazonas em ótica não linear

A coordenação de metais tem sido utilizada de várias formas para melhorar o comportamento de todos os cromóforos orgânicos push-pull para aplicações em ótica não linear de segunda ordem (NLO). A abordagem mais comum é a utilização de fragmentos organometálicos ou coordenados por metais ligados à extremidade de sistemas orgânicos S conjugados. Para tornar o composto de potencial interesse em NLO de segunda ordem, o ligando deve ser adequadamente funcionalizado com fortes grupos aceitadores de dadores de electrões (CH_3) (NO_2) e deve ser não centrossimétrico.

As hidrazonas podem existir quer na forma amido quer na forma iminol. Não se espera que o ligando, por si só, apresente uma atividade NLO elevada, uma vez que a estrutura eletrónica da hidrazona se encontra na forma amido com uma conjugação bastante baixa do grupo dador para o grupo aceitador. Após a coordenação com o metal, a estrutura eletrónica da hidrazona muda para a forma desprotonada com um aumento da conjugação e, por conseguinte, resulta em atividade NLO. A escolha adequada do metal, o seu estado de oxidação e o ligando permitem que o fragmento se comporte como um grupo dador ou aceitador de electrões.

O papel principal desempenhado pelo metal é o de gerar o cromóforo pushpull efetivo. Além disso, a utilização de metais de coordenação quadrado-planos [Cu(II) ou Pd(II)] pode forçar o ligando orgânico a uma conformação plana de modo a maximizar a conjugação. Cariati et al. relataram a atividade NLO dos complexos de Cu(II) e Pd(II) de duas N-salicilidina-N-aroil-hidrazonas contendo fortes grupos dadores e receptores de electrões com piridina como ligando auxiliar.[173]

Em segundo lugar, o metal coordenado ao ligando é eletricamente neutro mas coordenativamente insaturado. Isto significa que é possível uma maior coordenação com átomos dadores (coligantes como a piridina, etc.); esta caraterística, que é bem conhecida nesta classe de complexos, é particularmente atraente, uma vez que o átomo dador pode pertencer a uma natureza polimérica, permitindo assim automaticamente a ancoragem covalente dos fragmentos organometálicos activos NLO a uma cadeia polimérica realizada.

3.2. Hidrazonas e magnetoquímica

A investigação das propriedades magnéticas de materiais moleculares tornou-se um dos principais objectivos da investigação atual nos domínios da física da matéria condensada e da química dos materiais. Entre os sistemas ligantes, as hidrazonas ocupam um lugar especial devido à sua conhecida capacidade quelante e flexibilidade estrutural, que pode conferir rigidez à estrutura esquelética dos complexos multinucleares preparados. Foram envidados esforços consideráveis para construir e caraterizar tais arquitecturas moleculares que podem apresentar propriedades magnéticas interessantes. A condição prévia para sintetizar estes materiais é que os iões metálicos com electrões desemparelhados sejam reunidos numa molécula de modo a que os referidos electrões possam interagir entre si. Os complexos de coordenação que possuem pontes metal-metal preenchem certamente esta condição e podem ser obtidos através da incorporação de diferentes ligandos terminais e de ponte para facilitar as interacções ferro- e antiferromagnéticas entre os centros metálicos. Entre os ligandos de ligação, os pseudohaletos são uma boa escolha, devido ao seu comportamento de coordenação versátil que gera materiais magnéticos diméricos e multidimensionais com interação magnética diversa. O ião azida tem sido alvo de grande atenção por permitir a existência de vias de supertroca entre centros paramagnéticos. Recentemente, muitos investigadores estão a concentrar-se neste tipo de trabalho e é relatada a correlação magneto-estrutural de complexos derivados de hidrazonas.[174]

3.3. Hidrazonas como agentes quelantes de ferro

Inicialmente, a procura de quelantes de ferro eficazes foi principalmente motivada pela necessidade de tratar doenças de sobrecarga de Fe, como a E-talassemia. No entanto, tornou-se claro que os quelantes de Fe podem ser úteis para o tratamento de uma grande variedade de estados patológicos, incluindo o cancro, a malária e os danos nos tecidos mediados por radicais livres. Apesar da síntese e da avaliação biológica de uma gama diversificada de ligandos, apenas alguns compostos se revelaram suficientemente eficazes e seguros para serem submetidos a ensaios clínicos. Atualmente, o único quelante de Fe com utilização clínica generalizada é a desferrioxamina, DFO. Embora a DFO seja um fármaco altamente eficaz com poucos efeitos secundários, padece de uma série de problemas graves, incluindo o seu elevado custo e a sua fraca absorção intestinal. Devido à sua fraca absorção intestinal, é necessário um longo período de tempo para atingir um equilíbrio negativo do ferro. Esta última desvantagem, associada ao facto de a DFO ter uma semi-vida plasmática muito curta, exige que o medicamento seja infundido por via subcutânea. Estas dificuldades com a DFO levaram à procura de quelantes de Fe alternativos que sejam económicos, eficazes por via oral e altamente eficientes. Um grupo de compostos que satisfaz todos estes critérios é o da classe da piridoxaldeído isonicotinoil-hidrazona [PIH].[175]

A PIH é um ligando que foi identificado pela primeira vez como um quelante de Fe eficaz no final da década de 1970 por Ponka et al.[176] Recentemente, o interesse nestes compostos como quelantes de Fe clinicamente úteis aumentou, pelo que o desenvolvimento de outros quelantes de Fe oralmente activos não deve ser excluído na esperança de obter uma alternativa mais adequada à DFO. Para além da potencial utilização da PIH e dos seus análogos como quelantes para tratar a sobrecarga de Fe, estudos recentes demonstraram que estes compostos, especialmente os derivados do salicilaldeído e do 2-hidroxi-1naftilaldeído, são agentes anti-proliferativos eficazes. Bernhardt et al. conceberam e patentearam uma nova classe de ligandos baseados no 2-piridinocarbaldeído.

3.4. Actividades biológicas das hidrazonas

As hidrazonas têm sido intensamente investigadas principalmente devido à sua potencial aplicação como agentes anticancerígenos, antivirais, antibacterianos e antifúngicos. Estes compostos apresentam um comportamento versátil na coordenação de metais e a atividade biológica é frequentemente aumentada pela ligação a metais de transição. Foi relatado que a atividade biológica dos complexos de metais d de hidrazonas N-heteroaromáticas de 2-piridinocarboxaldeído é frequentemente maior em comparação com o ligando livre

51

correspondente, sendo os complexos de cobre(II) os mais activos entre todos os complexos testados.[177] A atividade de alguns complexos de hidrazona é muito significativa contra bactérias Gram positivas in vitro. Estes derivados do quelato de hidrazona actuam como potenciais fármacos orais para tratar doenças genéticas como a talassemia e são várias vezes mais potentes do que o quelato livre de metal, o que leva a concluir que os complexos metálicos são espécies biologicamente activas. As propriedades antibacterianas e antifúngicas das bis(acil-hidrazonas) de 2,6-diacetilpiridina e de uma série de complexos metálicos foram investigadas por Carcelli et al.[178] Recentemente, Affan et al. comunicaram a citotoxicidade e a propriedade anti-termítica da tiofeno-2-carboxaldeído benzidrazona e dos seus complexos de estanho.[179]

3.5. Hidrazonas como sensores moleculares

O desenvolvimento de sensores moleculares tem atraído muitas actividades de investigação nos últimos anos para a sua utilização em processos que incluem análises alimentares, clínicas e ambientais. A biestabilidade, ou seja, a capacidade do sistema (substrato e moléculas circundantes) de existir em dois estados (eletrónico ou conformacional) é essencial para o reconhecimento molecular, uma vez que a interconversão entre estados permite explorar a sua relaxação estrutural e as interacções com o seu ambiente. As medições ópticas e termodinâmicas das hidrazonas de di-2-piridil-cetonas em solventes polares não aquosos revelaram uma interconversão reversível entre dois estados electrónicos interligados devido à interação intermolecular entre estas espécies e o seu ambiente. Os valores elevados dos seus coeficientes de extinção e os valores baixos dos seus parâmetros de ativação permitiram utilizar estes sistemas como sensores moleculares para uma variedade de estímulos químicos e físicos que incluem iões metálicos e biomoléculas. Bakir et al. também relataram compostos carbonílicos de rénio de di-2-piridil cetona como sensores electroquímicos e as medições espectroscópicas e electroquímicas mostram que o complexo metálico sofre uma transferência de electrões mais rápida do que o ligando livre.[180]

3.6. As hidrazonas como intermediário de heterociclos

Para além da sua importante atividade biológica, os NAH podem ser utilizados como intermediários na preparação de várias moléculas heterocíclicas que possuem importantes actividades biológicas. Muitos

As NAH podem ser facilmente preparadas, podem ser obtidas como sólidos na forma pura e podem ser armazenadas durante muito tempo. Esta propriedade fez com que fossem utilizadas como materiais de partida em várias reacções, tais como: formação de uma variedade de derivados de tiazolidinona,[181,182] N-alquil-hidrazidas,[183] oxadiazolinas[184-186] e azetidinonas.[187]

John H. Museer e os seus colaboradores prepararam uma série de heterociclos benzóicos de acordo com o esquema abaixo indicado,[188] os compostos recentemente sintetizados exibiram uma natureza antialérgica. O composto tereftalida **1** reagiu com carbohidrazidas apropriadas em etanol, em condições de refluxo, para obter as bis(carbohidrazonas) correspondentes. Os derivados de carbohidrazonas obtidos **2** foram refluxados em mistura de ácido acético/etanol para obter os derivados de bis(dihidroxadiazolil)benzeno **3**.

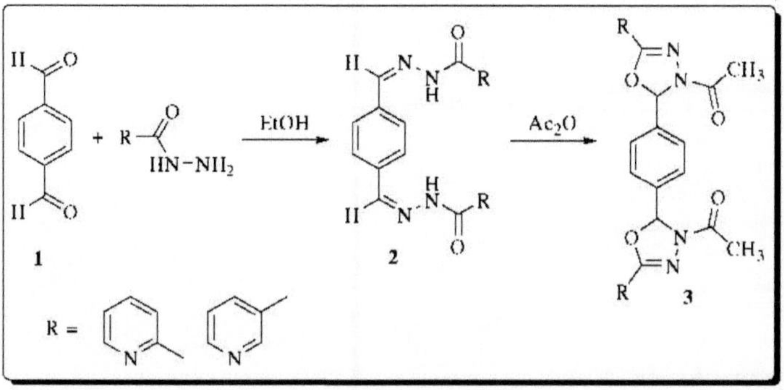

Scheme 3.1

Derek H. R. Barton e os seus colaboradores sintetizaram uma série de derivados de piradiazina através de hidrazonas substituídas de acordo com o esquema abaixo mencionado.[189] A reação da carbohidrazida de indol **4** com aldeídos aromáticos deu origem aos correspondentes derivados de hidrazona **5** que, após tratamento com cloreto de acetilo, resultaram na formação de interessantes derivados tricíclicos de indolo[2,3-d]piridazina **6**.

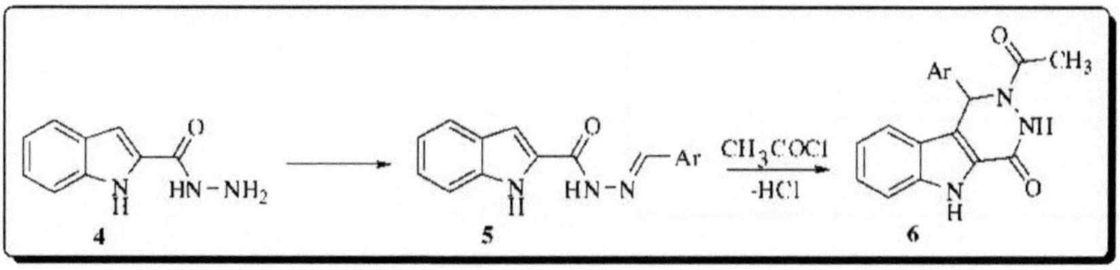

Ar = C₆H₅, p-OCH₃-C₆H₄, o-Cl-C₆H₄, p-N(CH₃)₂-C₆H₄, o-OCH₃-C₆H₄

Scheme 3.2

As NAH podem também participar nas reacções de cicloadição [4+2] Diels-Alders intra e inter moleculares, podendo atuar como azadinas na reação para produzir os derivados cíclicos a temperaturas elevadas.[190]

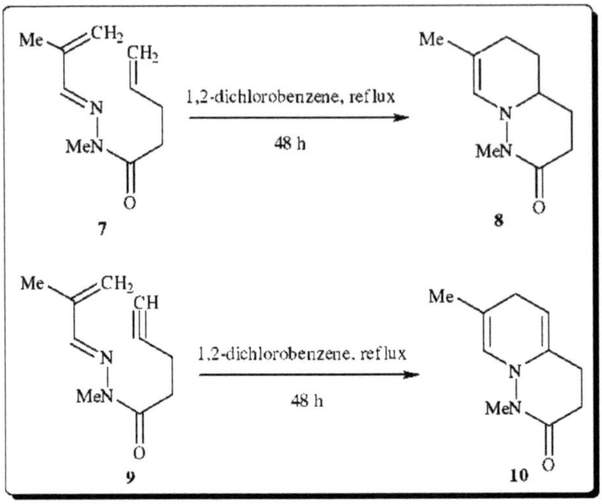

Scheme 3.3

As hidrazonas de arilidina, após ciclocondensação com ácido tioacético e ácido tioglicólico, dão origem a derivados de tiazolidinona e tiazolidina, respetivamente.[191]

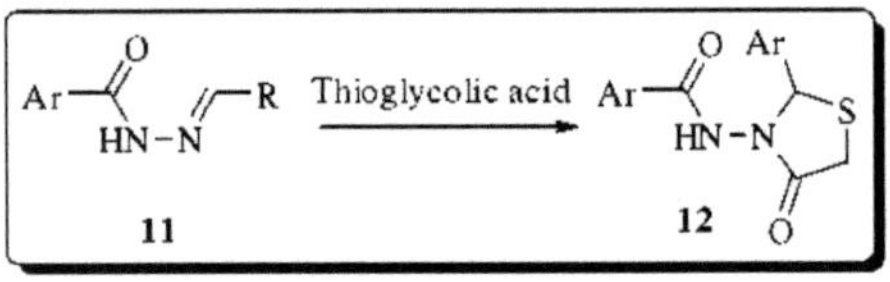

Scheme 3.4

Zhenhua Shaang converteu N-acil-hidrazonas aromáticas em 2,5-dissubstituídos 1,3,4-oxadiazóis oxidando-os com bis (trifluoroacetoxi)iodobenzeno.[192] A N-acil-hidrazona **13** foi tomada em DMSO na presença de bis(trifluoroacetoxi)iodobenzeno e agitada à temperatura ambiente. Após a conclusão da reação, a purificação do produto em coluna flash permitiu obter o produto desejado **14**.

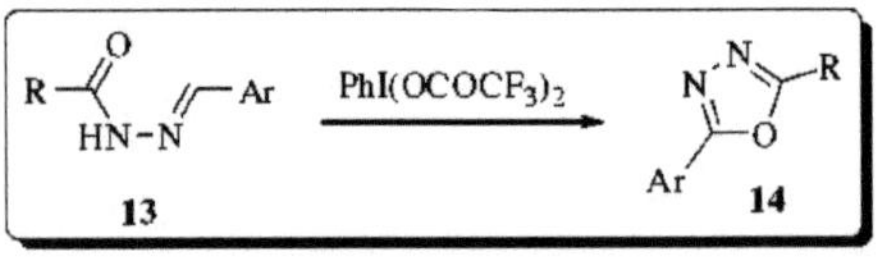

Scheme 3.5

Os derivados de hidrazona substituídos com ácido benzoico **15**, na presença de cloreto de tionilo e ácido fenoxiacético, sofrem ciclização para dar os correspondentes derivados de azetidinona **16**.[193]

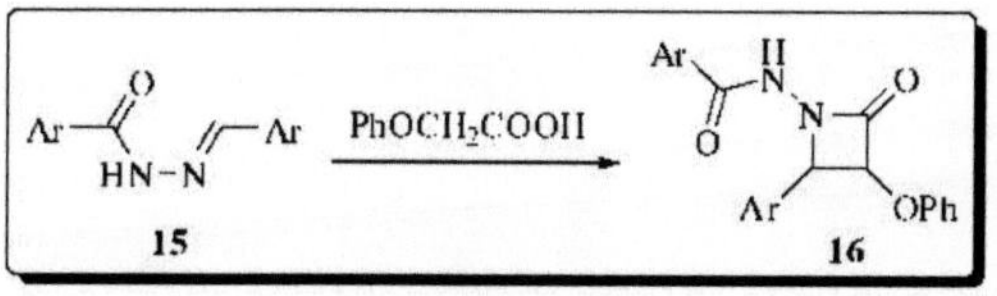

Scheme 3.6

Capítulo 4

Aspeto da síntese

Os métodos mais antigos para a síntese de N'-acil-hidrazonas envolvem a desidratação intermolecular de hidrazidas ácidas e compostos carbonílicos adequadamente substituídos. As condições de desidratação são variáveis. Alguns destes métodos são descritos de seguida.

Todas estas abordagens envolvem uma metodologia de síntese orgânica clássica e apresentam padrões de reatividade e seletividade orgânicos típicos. No entanto, recentemente, foram desenvolvidos vários métodos novos e potencialmente bastante versáteis para a síntese de N-acil-hidrazonas substituídas.

Os novos compostos de N'-acil-hidrazona **4** foram obtidos na forma diasteromérica, sendo a forma E a principal. A isomerização catalisada por bases da ligação dupla do safrol **1**, seguida de clivagem oxidativa, foi convertida em éster metílico **2** por tratamento com 2,6 eq. de KOH e 1,3 eq. de iodo em metanol. O intermediário acil-hidrazina **3** foi obtido com um rendimento de 70% por tratamento de uma solução etanólica do éster **2** com hidrato de hidrazina em refluxo durante 3,5 horas **(esquema 4.1)**.[194]

Scheme 4.1

Ali Almasirad e colaboradores sintetizaram uma série de derivados de N-aril hidrazona do ácido mefenâmico **6**, um AINE conhecido.[195] A hidrazida do ácido mefenâmico **5** foi preparada pelo seguinte método da literatura.[196,197] Uma mistura equimolar da hidrazida **5** e dos aldeídos foi dissolvida em etanol e agitada à temperatura ambiente durante 0,5-1 horas na presença de duas gotas de HCl conc. As hidrazonas **6** foram isoladas por remoção do solvente sob pressão reduzida, seguida de neutralização com bicarbonato de sódio aquoso a 10% **(Esquema 4.2)**.

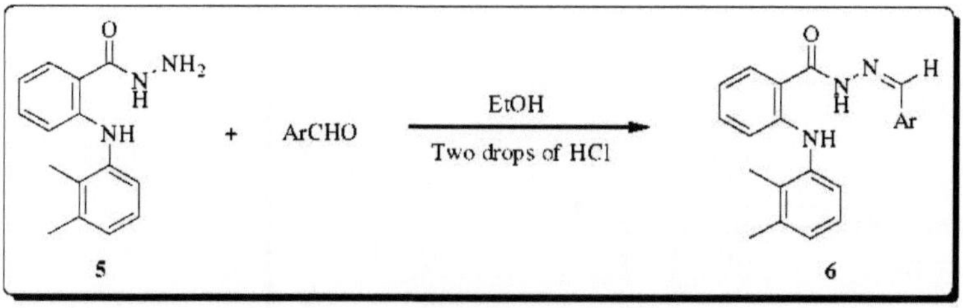

Scheme 4.2

Do mesmo modo, as hidrazidas do ácido 2-fenoxibenzóico e do ácido N-fenilantranílico foram sintetizadas e avaliadas quanto às actividades analgésicas através do tratamento de misturas equimolares de hidrazidas e aldeídos ou cetonas em etanol na presença de 2 gotas de HCl.[198]

Olsson e os seus colaboradores relataram a descoberta e a SAR inicial de agonistas potentes e selectivos de pequenas moléculas não peptídicas do PAR-2 (recetor ativado por proteinase). A hidrazida **8** foi formada pela adição de hidrazina ao éster etílico **7** em condições de micro-ondas. Finalmente, a hidrazida **8** foi condensada com 3- bromoacetofenona para obter o produto desejado **9** (**Esquema 4.3**).[199]

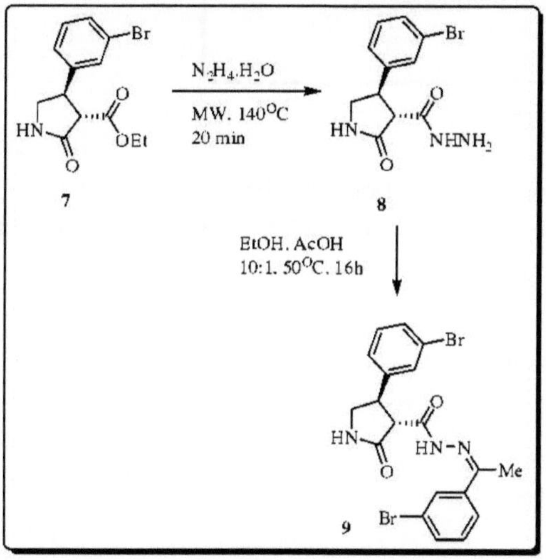

Scheme 4.3

O composto alvo **12** foi preparado por condensação catalisada por ácido de aldeído e cetona com um rendimento global elevado através da sequência sintética representada no Esquema-4.3. A condensação regiosselectiva da 2-aminopiridina **10** com o 2-cloroetilacetoacetato **11** produziu um éster metílico funcionalizado do derivado imidazo [1, 2 α] piridina 52 com um rendimento de 93%. O tratamento da solução metanólica do éster com hidrato de hidrazina em refluxo deu origem à acil-hidrazina desejada, que foi submetida a condensação com aldeídos e cetonas em etanol, utilizando ácido clorídrico como catalisador (esquema 4.4).[200]

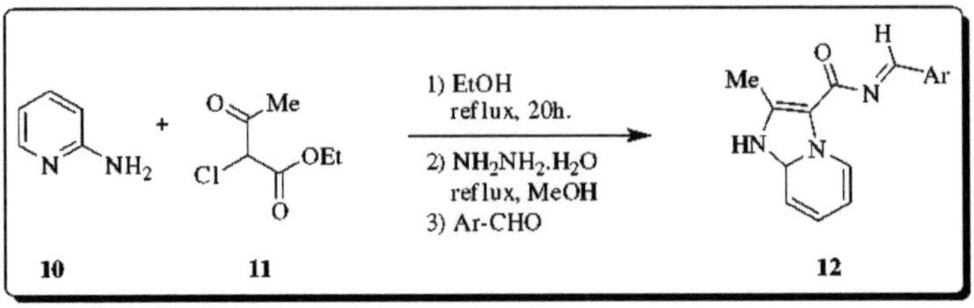

Scheme 4.4

Foi concebida uma biblioteca de 156 acil hidrazonas **15 a** partir de aldeídos e hidrazidas disponíveis no mercado. As acil hidrazonas **15** sintetizadas em placas de poços profundos à escala de 10μmol de acordo com o **Esquema 4.5** Em placas de poços profundos, diferentes aldeídos **13** e hidrazidas **14** foram agitados à temperatura ambiente em DMF.[201]

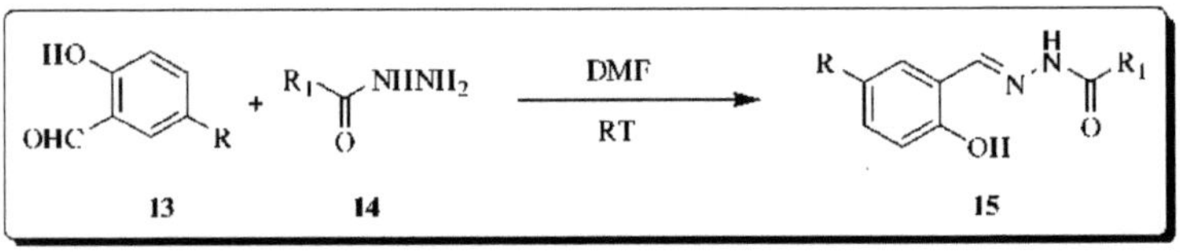

Scheme 4.5

O 1-fenil-1H-pirazol-4-carboxaldeído **17** foi obtido por formilação de Vilsmeier-Haack de **16** com um rendimento de 65%. A condensação de 40 com ácido fenilacético produziu o ácido **18**. O éster metílico de **18** reagiu com hidrato de hidrazida para obter a carbohidrazida **19 com um** rendimento de 68%.

Dissolveu-se em etanol, adicionaram-se diferentes aldeídos e, no final da reação, a mistura foi vertida em gelo para obter as carbohidrazidas desejadas **20 (Esquema 4.6)**.[202]

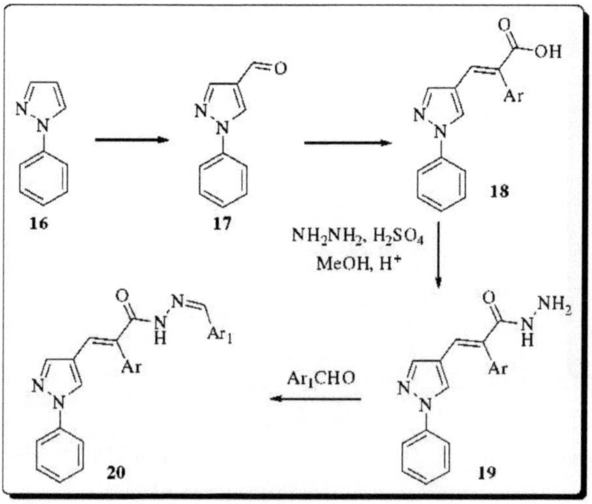

Scheme 4.6

A hidrazida acil hidrazona de 7-hidroxi-2-oxo-2H-cromen-4-il)-hidrazida acética **22** foi preparada a partir da hidrazida ácida **21** de acordo com o **(Esquema 4.7)**.[203]

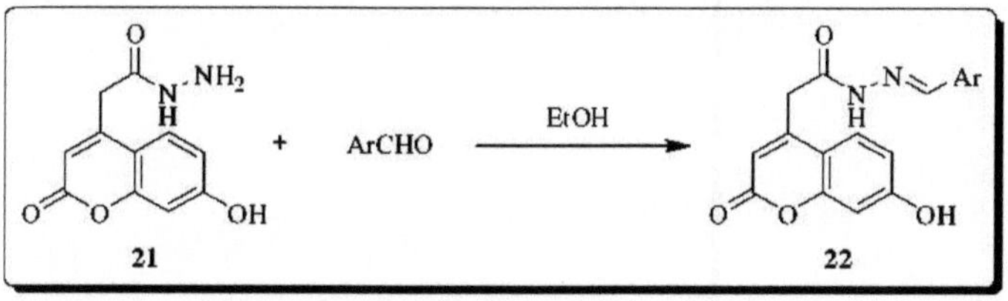

Scheme 4.7

Brodrecht Martin e os seus colaboradores sintetizaram hidrazonas do tipo piridina **25** por agitação de uma solução etanólica de hidrazidas de piridina **23** e aldeídos de arilo **24** a uma temperatura de 20^0 C **(Esquema 4.8)**.[204]

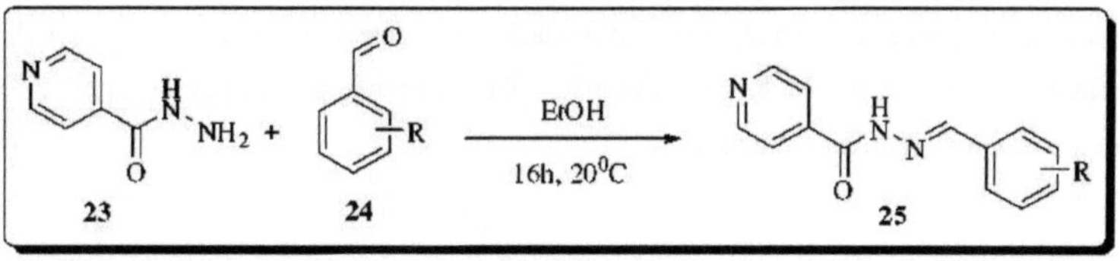

Scheme 4.8

Ding, Ming-Wu et al.[205] sintetizaram uma nova hidrazona do tipo cromona por agitação de uma solução etanólica de 3-formilcromona **26** e benzohidrazida **27** na presença de ácido acético como quantidade catalítica à temperatura ambiente **(Esquema 4.9)**.

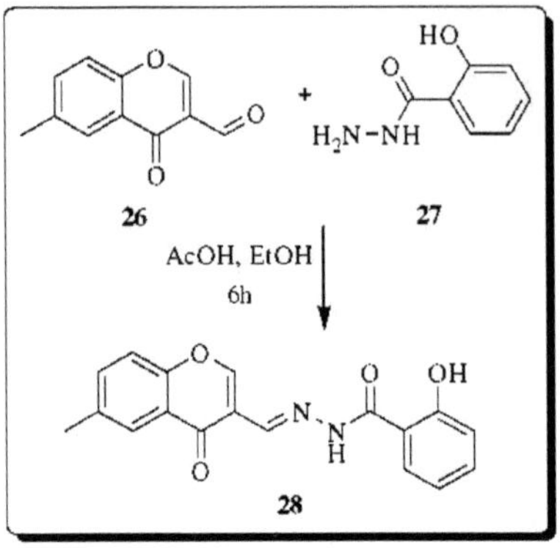

Scheme 4.9

De sa Bortolozzo e colaboradores sintetizaram o composto **31** por refluxo do 5-nitro-2-furaldeído **30** e das benzidrazidas **29** em água, ácido sulfúrico, ácido acético e metanol durante 1h **(esquema 4.10)**.[206]

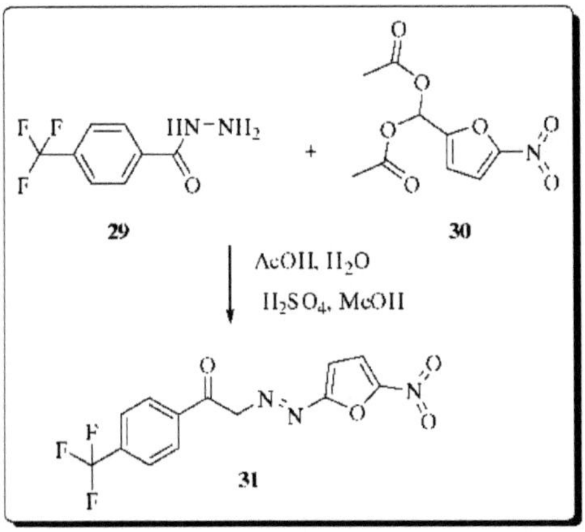

Scheme 4.10

M. C. Witschel et al. prepararam uma série de carbohidrazidas de 1,3-diiminoisoindolina **34 tratando** o éster etílico **32** com hidrazina e os correspondentes derivados de hidrazida **33** para sintetizar isoindolina em etanol, de acordo com o **Esquema 4.11** abaixo mencionado, e os compostos obtidos revelaram-se inibidores potentes da proliferação de P. Falciparum nos glóbulos vermelhos.[207]

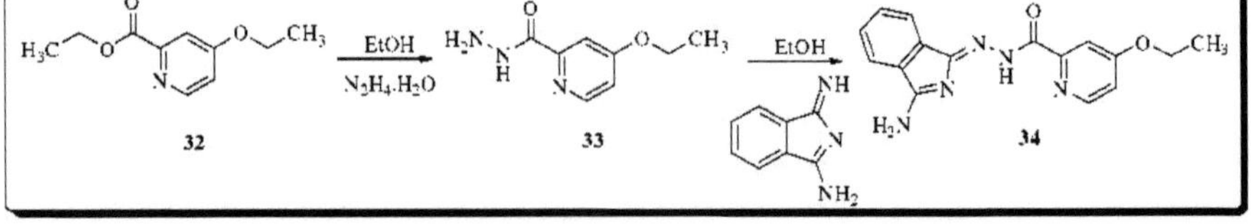

Scheme 4.11

Abadi et al. sintetizaram uma série de análogos de pirazol com 1,3,4-substituição **36** de acordo com o **Esquema 4.12** abaixo indicado e todos os derivados foram avaliados quanto às suas propriedades anti-angiogénicas e anti-tumorais.[208]

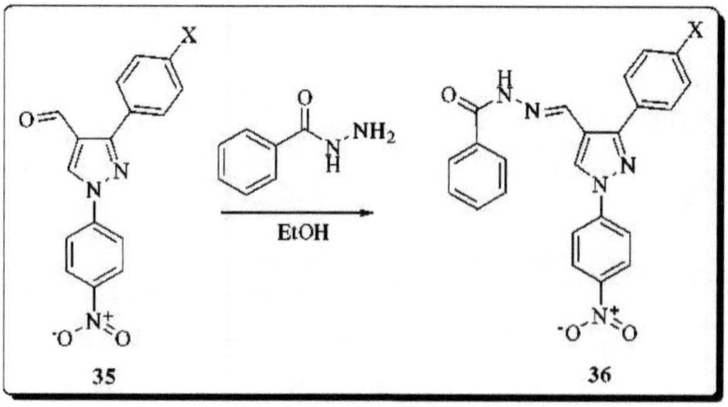

Scheme 4.12

Uma série de novos derivados de hidrazona contendo o anel furoxano **39** foi preparada por Nguyen Huu Dinh e seus colaboradores. De acordo com o seu método, o ácido isoeugenoxiacético foi utilizado como principal material de partida para a preparação de todos os derivados, de acordo com o **Esquema 4.13** Entre os derivados de hidrazida-hidrazonas preparados, alguns produtos exibiram actividades de inibição in vitro no carcinoma da epiderme humana (células KB) com IC_{50} = 47, 68, 79 e 103 mg/mL.[209]

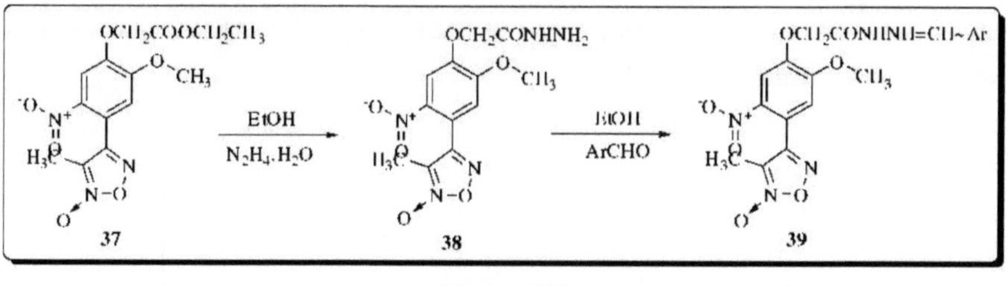

Scheme 4.13

Mostafa M. Ghorab et al. sintetizaram uma biblioteca de novos derivados de hidrazida de cromeno e benzocromeno de acordo com o esquema apresentado abaixo. A 2-Ciano-N[1(fenil substituído) etilideno] acetohidrazida **43** foi obtida por acoplamento do derivado de acetofenona **41** com o derivado de hidrazida do ácido cianoacético **42**. O composto obtido **43** foi reagido com diferentes aldeídos em dioxano e uma quantidade catalítica de piperidina para produzir derivados de cromeno e benzocromeno **44** e **45** através de novas reacções de ciclização **(Esquema 4.14)**.[210]

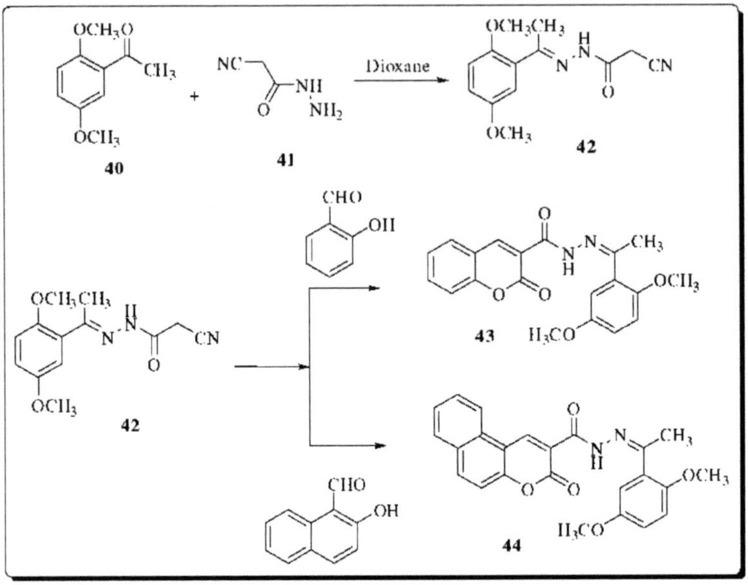

Scheme 4.14

Jie Zhang e os seus colaboradores prepararam novos derivados de hidrazida-hidrazona reagindo o composto **45** com hidrato de hidrazina na presença de uma quantidade catalítica de H2SO4 no solvente, a hidrazida **46** obtida reagiu com os compostos carbonílicos necessários para obter o composto **47** utilizando uma quantidade catalítica de ácido acético **(Esquema 4.15)**.[211]

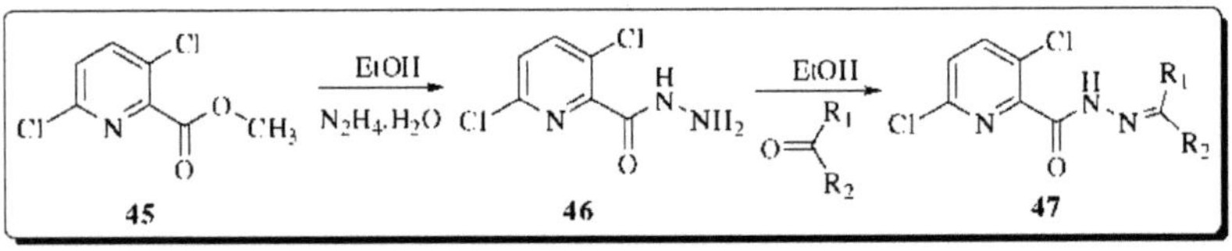

Scheme 4.15

Uma nova biblioteca de N-acil-hidrazonas **49** foi sintetizada por V.K Pandy et al., por refluxo dos aldeídos aromáticos apropriados com hidrazidas ácidas **48** em ácido acético glacial **Esquema 4.16** O produto foi precipitado vertendo a mistura reacional em metanol e o composto isolado foi purificado por etanol para obter a pureza desejada.[212]

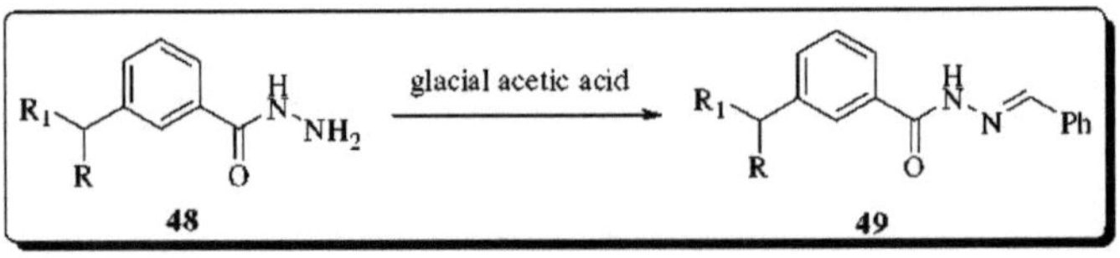

Scheme 4.16

Bukowski e os seus colaboradores relataram uma série de compostos de hidrazona **52** por refluxo do composto **51** com o composto **50** na presença de uma quantidade catalítica de piperidina **(Esquema 4.17)**.[213]

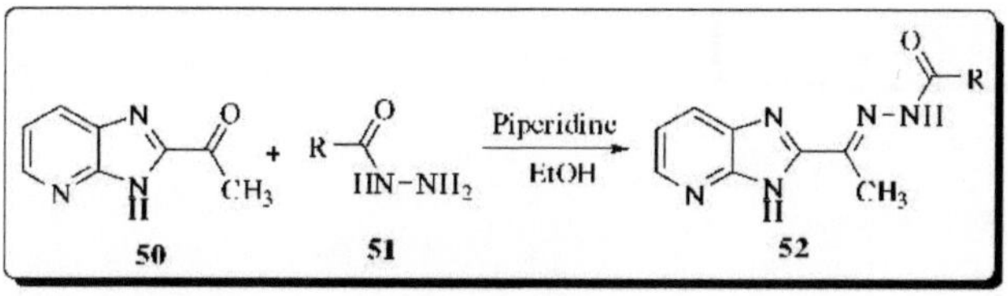

Scheme 4.17

Lehmann J e o seu colaborador prepararam o composto **56** envelhecendo a carbohidrazida de 2-indole **54** durante três horas à temperatura ambiente em etanol.[214] O composto também foi obtido por condensação de **53** com o aldeído **55 (Esquema 4.18)**.

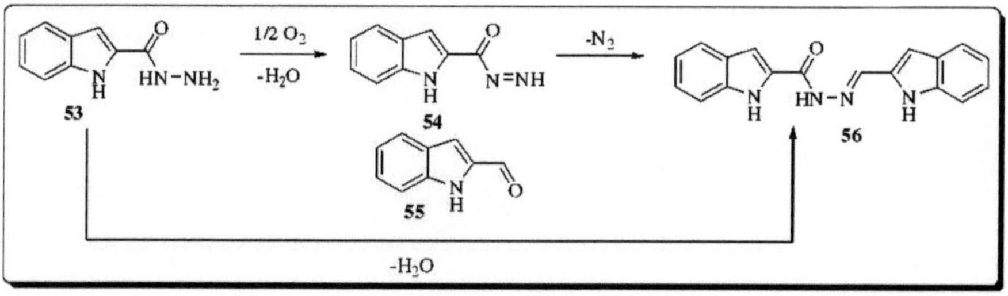

Scheme 4.18

Nasr e os seus colaboradores sintetizaram uma nova biblioteca de derivados da sidnona através da conversão do ácido **57** em hidrazida **58** na presença de DCC, seguida da sua conversão nos correspondentes derivados da hidrazona **59** por reação com o aldeído apropriado em etanol **(Esquema 4.19)**.[215]

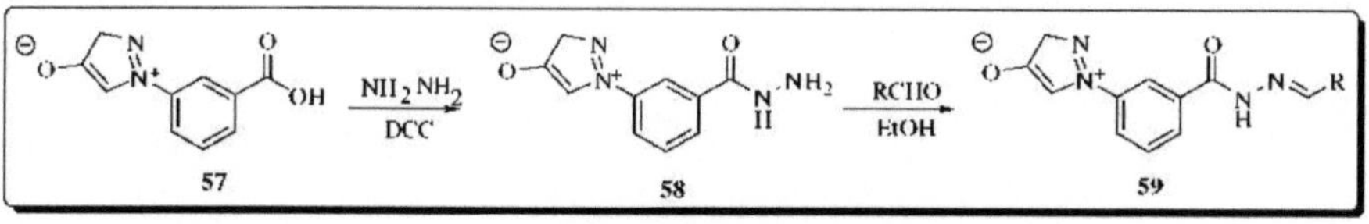

Scheme 4.19

D. Kumar et al. prepararam derivados de hidrazonas por tratamento dos fenilglioxais **60** com as hidrazidas fenílicas **61** em acetonitrilo à temperatura ambiente durante 3 horas para obter os derivados de hidrazonas **62** **(esquema 4.20)**.[216]

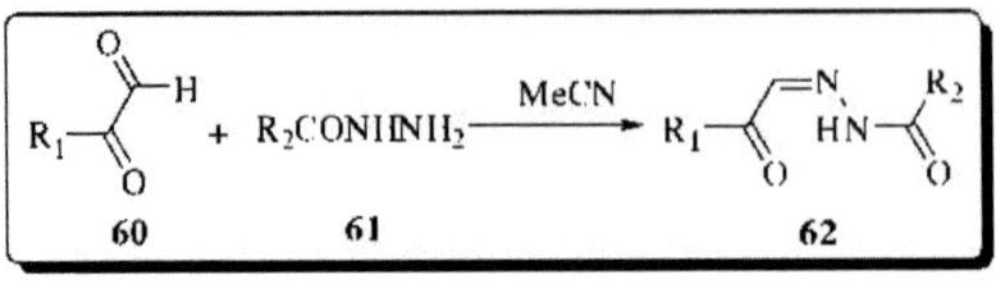

R_1—C(=O)—CHO (**60**) + $R_2CONHNH_2$ (**61**) $\xrightarrow{\text{MeCN}}$ R_1—C(=O)—CH=N—NH—C(=O)—R_2 (**62**)

Scheme 4.20

Capítulo 5

Rota de síntese e mecanismo de reação

Várias metodologias têm sido descritas para a síntese de derivados de N'-acil hidrazonas. No entanto, os métodos existentes sofrem de alguns inconvenientes, tais como: rendimento, tempo, isolamento do produto, formação de isómeros. Como parte do nosso interesse em curso, sintetizámos diferentes N'-acil hidrazonas fluoradas substituídas utilizando um método simples e conveniente, barato e com excelente rendimento. Neste método, os derivados da N'-acil hidrazona foram sintetizados misturando uma solução etanólica de acil-hidrazina com um aldeído de arilo na presença de uma quantidade catalítica de ácido acético. Após a conclusão da reação, o composto foi isolado por filtração simples em vácuo. Neste método, os compostos isolados eram puros, o que foi concluído por dados espectrais como[1] H-NMR, IR e Massa.

5.1. Esquema de reação

O 5-bromo-2,2-difluoro-1,3-benzodioxol (**2**) foi sintetizado pela bromação do 2,2-difluoro-1,3- benzodioxol (**1**) utilizando Fe em pó a 70^0 C numa solução de tetracloreto de carbono.[217,218] O composto-2 foi caracterizado através da verificação do ponto de ebulição do composto líquido. O composto-3 foi sintetizado por dois métodos (a) reação de Grignard e (b) reação de Grignard cruzada.[219] O composto-3 reage com hidrato de hidrazina em solução etanólica para dar acil-hidrazina (**4**).[220] Esta acil-hidrazina (**4**) em meio ácido reage com diferentes aldeídos arilo substituídos utilizando etanol como solvente para dar uma biblioteca de N'-acil-hidrazonas contendo flúor (**PKG-101 a 115**).[221-223]

5.2. Experimental

5.2.1. Material e métodos

Os pontos de fusão foram determinados em tubos capilares abertos. A formação dos compostos foi verificada por TLC em **placas de sílica gel-G** de 0,5 mm de espessura e as manchas foram localizadas com iodo e UV. Os espectros de IV foram registados no instrumento **Shimadzu FTIR-8400** utilizando o método de pastilhas de KBr. Os espectros de massa foram registados numa sonda de entrada direta num espetrómetro de massa **GCMS-QP 2010** (Shimadzu). [1]Os espectros de RMN de H foram registados num espetrómetro **Bruker**

Advance 400 MHz em solução de *DMSO-d6* e CDCl3.

> **Síntese do 5-bromo-2,2-difluorobenzo[d][1,3]dioxol (2)**

À solução de 2,2-difluoro-1,3-benzodioxole (100 mmol) em 200 mL de tetracloreto de carbono foi adicionado pó de ferro (50 mmol). A mistura reacional foi arrefecida a 0 °C e adicionou-se (100 mmol) de bromo durante um período de 20 minutos. Após a conclusão da adição, a mistura reacional foi cuidadosamente aquecida a 75 °C. A mistura foi agitada durante uma hora e depois deixada arrefecer até à temperatura ambiente, onde foi agitada durante 18 horas. A mistura foi filtrada através de celite e o filtrado foi lavado com solução de tiossulfato de sódio 0,1N, água e solução saturada de cloreto de sódio. A camada orgânica foi seca com sulfato de sódio e filtrada. O filtrado foi concentrado sob pressão reduzida até à obtenção de um resíduo. O resíduo foi destilado sob alto vácuo para produzir 5-bromo-2,2-difluoro-1,3-benzodioxole **(2)** como um óleo.

> **Síntese do 2,2-difluorobenzo[d][1,3]dioxol-5-carboxilato de metilo (3)**

A um balão de fundo redondo de 500 mL, seco na estufa e equipado com uma barra de agitação, adicionou-se 5-bromo-2,2- difluorobenzo[d][1,3]dioxol (32 mmol) e THF anidro (200 mL). O balão foi colocado sob azoto e arrefecido num banho de gelo durante 10 minutos. Foi adicionada uma solução de complexo de cloreto de isopropilmagnésio-cloreto de lítio 1,3 M (38,6 mmol) durante 15 minutos. O banho de gelo foi removido após 1 hora e a reação foi aquecida à temperatura ambiente e agitada durante 2 horas. Foi adicionado clorofórmio de metilo (35,3 mmol) num fluxo lento e constante. A reação foi ligeiramente aquecida durante a adição e foi agitada à temperatura ambiente durante a noite. A reação foi quinada com cloreto de amónio saturado e extraída com EtOAc. A camada aquosa foi extraída com EtOAc. A camada orgânica combinada foi lavada com uma solução saturada de cloreto de sódio. A camada orgânica foi seca sobre sulfato de sódio anidro, filtrada e concentrada para produzir óleo viscoso em bruto. Este foi destilado sob alto vácuo para obter o óleo incolor de 2,2- difluorobenzo[d][1,3]dioxol-5-carboxilato de metilo **(3).**

> **Síntese da 2,2-difluorobenzo[d][1,3]dioxole-5-carbohidrazida (4)**

A uma solução de 2,2-difluorobenzo[d][1,3]dioxol-5-carboxilato de metilo (16 mmol) em EtOH (16 mL) foi adicionado hidrazina mono-hidratada (40 mmol) e a reação foi agitada sob temperatura de refluxo durante 8 horas. Arrefecer a mistura reacional até à temperatura ambiente. A mistura reacional foi concentrada num evaporador rotativo sob pressão reduzida para remover o etanol. Diluir a massa reacional com água purificada e extrair com acetato de etilo. A fase orgânica é separada e posteriormente lavada com salmoura. A fase orgânica é seca sobre sulfato de sódio e filtrada. O filtrado é evaporado sob pressão reduzida para se obter 2,2-difluorobenzo[d][1,3]dioxol-5-carbohidrazida **(4)** como sólido cristalino branco.

> **Síntese geral do hidróxido de carbono N'-(benzilideno substituído)-2,2-difluorobenzo[d][1,3] dioxol-5- (PKG-101 a 115).**

À mistura de 2,2-difluorobenzo[d][1,3]dioxole-5-carbohidrazida (5 mmol) e aldeído de arilo (5 mmol) em 20 mL de etanol foram adicionadas três gotas de ácido acético com agitação durante 6 horas à temperatura ambiente. O sólido insolúvel foi gradualmente gerado, depois filtrado e lavado com etanol. Após secagem, o composto alvo puro foi obtido como um sólido cristalino.

5.2.2. Proposta de um mecanismo para a formação de N'-acil hidrazonas substituídas:

Capítulo 6

Constante física

6.1. Tabela de dados físicos:

Tabela-6.1: **Constante física do N'-(benzilideno substituído)-2,2-difluorobenzo[d][1,3] dioxol-5-carbohidreto.**

Code	Ar	M.F.	M.W.	m.p. ^{0}C	Yield (%)	R_f
PKG-101	3,4-diOCH$_3$Ph	C$_{17}$H$_{14}$F$_2$N$_2$O$_5$	364	190-191	91	0.52
PKG-102	Thiophen-2-yl	C$_{13}$H$_8$F$_2$N$_2$O$_3$S	310	210-211	87	0.70
PKG-103	Furan-2-yl	C$_{13}$H$_8$F$_2$N$_2$O$_4$	294	225	85	0.68
PKG-104	4-Cl,2-FPh	C$_{15}$H$_8$ClF$_3$N$_2$O$_3$	356	173-175	87	0.75
PKG-105	4-NO$_2$Ph	C$_{15}$H$_9$F$_2$N$_3$O$_5$	349	235-238	83	0.71
PKG-106	4-OCH$_3$Ph	C$_{16}$H$_{12}$F$_2$N$_2$O$_4$	334	189-191	89	0.72
PKG-107	4-CH$_3$Ph	C$_{16}$H$_{12}$F$_2$N$_2$O$_3$	318	213	92	0.56
PKG-108	4-ClPh	C$_{15}$H$_9$ClF$_2$N$_2$O$_3$	338	241	86	0.59
PKG-109	2-ClPh	C$_{15}$H$_9$ClF$_2$N$_2$O$_3$	338	198-200	83	0.70
PKG-110	4-FPh	C$_{15}$H$_9$F$_3$N$_2$O$_3$	322	182-183	88	0.60
PKG-111	3-BrPh	C$_{15}$H$_9$BrF$_2$N$_2$O$_3$	383	219-222	89	0.73
PKG-112	3-NO$_2$Ph	C$_{15}$H$_9$F$_2$N$_3$O$_5$	349	254-256	81	0.70
PKG-113	2-OHPh	C$_{15}$H$_{10}$F$_2$N$_2$O$_4$	320	171-174	78	0.20
PKG-114	2-CH$_3$Ph	C$_{16}$H$_{12}$F$_2$N$_2$O$_3$	318	188	89	0.55
PKG-115	4-Br,2-FPh	C$_{15}$H$_8$BrF$_3$N$_2$O$_3$	401	236-239	83	0.69

TLC Sistema de solventes Rf: - Acetato de etilo : Hexano (6 : 4)

Capítulo 7

Discussão espetral e dados analíticos

7.1. Dados analíticos

7.1.1. *N'-(3,4-dimetoxibenzilideno)-2,2-difluorobenzo[d][1,3]dioxol-5-carbohidreto (PKG-101).*

^{1}H NMR (400 MHz, *DMSO-d6*) δ : 11,77 (s, 1H), 8,36 (s, 1H), 7,91 (s, 1H), 7,82 (d, J = 8,4 Hz, 1H), 7.58 (d, J = 8.4 Hz, 1H), 7.34 (s, 1H), 7.22 (d, J = 8 Hz, 1H), 7.03 (d, J = 8.4 Hz, 1H), 3.81 (s, 6H); IR (KBr): 3292 (N-H), 3070 (C-H anel aromático), 2864 (C-H), 1631 (C=O), 1593 (C=N), 1558 (C=C), 1491 (C=C), 1300 (C-H), 1236 (C-N), 1085 (C-O), 1012 (C-F), 823 cm^{-1} . Rendimento: 91%; mp 190-191° C; MS (m/z): 364 (M$^+$); Anal. calcd para C17H14F2N2O5: C, 56.05; H, 3.87; F, 10.43; N, 7.69; O, 21.96; Encontrado: C, 56,23; H, 3,92; F, 10,08; N, 7,86; O, 21,91.

7.1.2. *2,2-difluoro -N'-((tiofen-2-il)metileno)benzo[d][1,3]dioxol-5-carbohidrazi-de (PKG-102).*

^{1}H NMR (400 MHz, *DMSO-d6*) δ : 11,85 (s, 1H), 8,64 (s, 1H), 7,90 (s, 1H), 7,81 (d, J = 8 Hz, 1H), 7.68 (d, J = 4.8 Hz, 1H), 7.58 (d, J = 8.4 Hz, 1H), 7.49 (d, J = 2.8 Hz, 1H), 7.15 (t, J = 4 Hz, 1H); IR (KBr): 3304 (N-H), 3068 (C-H anel aromático), 1654 (C=O), 1560 (C=N), 1490 (C=C), 1429 (C=C), 1234 (C-N), 1155 (C-O), 1033 (C-F), 827, 731 cm^{-1} . Rendimento: 87%; mp 210-211° C; MS (m/z): 310 (M$^+$); Anal. calcd para C13H8F2N2O3S: C, 50.32; H, 2.60; F, 12.25; N, 9.03; O, 15.47; S, 10.33; Encontrado: C, 50.28; H, 2.21; F, 12.27; N, 9.18; O, 15.11; S, 10.95.

7.1.3. *2,2-difluoro -N'-((furano-2-il)metileno)benzo[d][1,3]dioxol-5-carbohidrazida (PKG-103).*

IR (KBr): 3298 (N-H), 3072 (C-H anel aromático), 2987 (C-H), 2853 (C-H), 1651 (C=O), 1547 (C=N), 1482

(C=C), 1368 (C-H), 1243 (C-N), 1158 (C-O), 1003 (C-F), 843, 736 cm^{-1} . Rendimento: 85%; mp 225° C; MS (m/z): 294 (M^{+}); Anal. calcd para C13H8F2N2O4: C, 53.07; H, 2.74; F, 12.91; N, 9.52; O, 21.75; Encontrado: C, 53,41; H, 2,52; F, 12,49; N, 9,63; O, 21,95.

7.1.4. *N'-(4-cloro-2-fluorobenzilideno)-2,2-difluorobenzo[d][1,3]dioxole-5-carbohidrazida (PKG-104).*

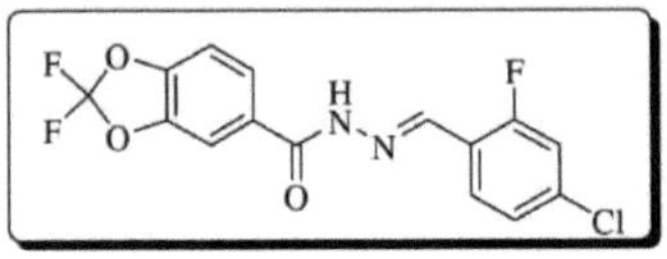

IR (KBr): 3270 (N-H), 3068 (C-H anel aromático), 2932 (C-H), 2838 (C-H), 1656 (C=O), 1541 (C=N), 1437 (C=C), 1311 (C-H), 1251 (C-N), 1157 (C-O), 1013 (C-F), 843, 726 cm^{-1} . Rendimento: 87%; mp 173-175° C; MS (m/z): 356 (M^{+}); Anal. calcd para C15H8ClF3N2O3: C, 50,51; H, 2,26; Cl, 9,94; F, 15,98; N, 7,85; O, 13,46; Encontrado: C, 50,32; H, 2,68; Cl, 9,73; F, 15,83; N, 7,74; O, 13,70.

7.1.5. *N'-(4-nitrobenzilideno)-2,2-difluorobenzo[d][1,3]dioxole-5-carbohidrazida (PK G-105).*

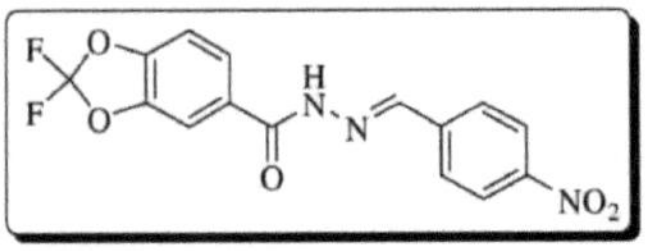

IR (KBr): 3336 (N-H), 3052 (C-H anel aromático), 2924 (C-H), 2810 (C-H), 1654 (C=O), 1536 (C=N), 1451 (C=C), 1369 (C-H), 1243 (C-N), 1148 (C-O), 983 (C-F) cm^{-1} . Rendimento: 83%; mp 235- 238° C; MS (m/z): 349 (M^{+}); Anal. calcd para C15H9F2N3O5: C, 51.59; H, 2.60; F, 10.88; N, 12.03; O, 22.91; Encontrado: C, 51,32; H, 2,91; F, 10,76; N, 12,63; O, 22,38.

7.1.6. *N'-(4-metoxibenzilideno)-2,2-difluorobenzo[d][1,3]dioxole-5-carbohidrazida (PKG-106).*

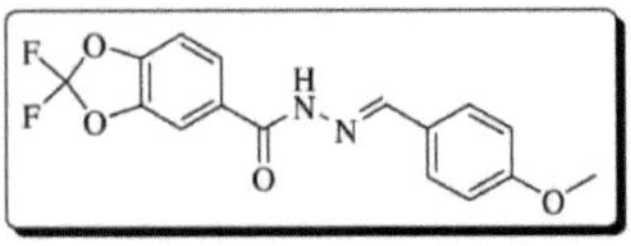

^{1}H NMR (400 MHz, *DMSO-d6*) δ : 11.78 (s, 1H), 8.38 (s, 1H), 7.92 (d, J= 1.2 Hz, 1H), 7.83 (dd, *J* = 8.4, 1.2 Hz, 1H), 7.69 (d, *J* = 8.8 Hz, 2H), 7.58 (d, *J* = 8.4 Hz, 1H), 7.03 (d, *J* = 8.8Hz, 2H), 3.81 (s, 3H);[1] IR (KBr): 3240 (N-H), 3078 (C-H anel aromático), 2843 (C-H), 1653 (C=O), 1606 (C=C), 1548 (C=N), 1444 (C=C), 1367 (C-H), 1276 (C-N), 1244 (C-N), 1168 (C-O), 1026 (C-F), 840, 754 cm^{-1} . Rendimento: 89%; mp 189-191° C; MS (m/z): 334 (M^{+}); Anal. calcd para C16H12F2N2O4: C, 57.49; H, 3.62; F, 11.37; N, 8.38; O, 19.15; Encontrado: C, 57.10; H, 3.73; F, 11.59; N, 8.09; O, 19.49.

7.1.7. *N'-(4-metilbenzilideno)-2,2-difluorobenzo[d][1,3]dioxole-5-carbohidrazida (PKG-107).*

IR (KBr): 3286 (N-H), 3082 (C-H anel aromático), 2937 (C-H), 2848 (C-H), 1655 (C=O), 1543 (C=N), 1461 (C=C), 1358 (C-H), 1305 (C-H), 1256 (C-N), 1162 (C-O), 994 (C-F) cm^{-1} . Rendimento: 92%; mp 213° C; MS (m/z): 318 (M$^+$); Anal. calcd para C16H12F2N2O3: C, 60,38; H, 3,80; F, 11,94; N, 8,80; O, 15,08; Encontrado: C, 60.57; H, 3.48; F, 11.83; N, 8.77; O, 15.31.

7.1.8. *N'-(4-clorobenzilideno)-2,2-difluorobenzo[d][1,3]dioxole-5-carbohidrazida (PKG-108).*

IR (KBr): 3286 (N-H), 3089 (C-H anel aromático), 2918 (C-H), 2852 (C-H), 1655 (C=O), 1543 (C=N), 1437 (C=C), 1366 (CH), 1312 (C-H), 1264 (C-N), 1173 (C-O) cm^{-1} . Rendimento: 86%; mp 241° C; MS (m/z): 338 (M$^+$); Anal. calcd para C15H9ClF2N2O3: C, 53.19; H, 2.68; Cl, 10.47; F, 11.22; N, 8.27; O, 14.17; Encontrado: C, 53,04; H, 2,83; Cl, 10,16; F, 11,53; N, 8,12; O, 14,32.

7.1.9. *N'-(2-clorobenzilideno)-2,2-difluorobenzo[d][1,3]dioxole-5-carbohidrazida (PKG-109).*

IR (KBr): 3277 (N-H), 3079 (C-H anel aromático), 2924 (C-H), 2846 (C-H), 1658 (C=O), 1537 (C=N), 1473 (C=C), 1363 (C-H), 1301 (C-H), 1263 (C-N), 1171 (C-O), 1003 (C-F) cm^{-1} . Rendimento: 83%; mp 198-200° C; MS (m/z): 338 (M$^+$); Anal. calcd para C15H9ClF2N2O3: C, 53.19; H, 2.68; Cl, 10.47; F, 11.22; N, 8.27; O, 14.17; Encontrado: C, 53,25; H, 2,91; Cl, 10,12; F, 11,36; N, 8,09; O, 14,27.

7.1.10. *N'-(4-fluorobenzilideno)-2,2-difluorobenzo[d][1,3]dioxole-5-carbohidrazida (PKG-110).*

IR (KBr): 3245 (N-H), 3055 (C-H anel aromático), 2918 (C-H), 2841 (C-H), 1653 (C=O), 1543 (C=N), 1471 (C=C), 1364 (CH), 1305 (C-H), 1236 (C-N), 1164 (C-O), 1021 (C-F) cm^{-1} . Rendimento: 88%; mp 182-183°

C; MS (m/z): 322 (M$^+$); Anal. calcd para C15H9F3N2O3: C, 55.91; H, 2.82; F, 17.69; N, 8.69; O, 14.90; Encontrado: C, 55.74; H, 2.90; F, 17.73; N, 8.93; O, 14.70.

7.1.11. *N'-(3-bromobenzilideno)-2,2-difluorobenzo[d][1,3]dioxole-5-carbohidrazida (PKG-111).*

IR (KBr): 3281 (N-H), 3083 (C-H anel aromático), 2916 (C-H), 2850 (C-H), 1654 (C=O), 1541 (C=N), 1432 (C=C), 1359 (CH), 1308 (C-H), 1268 (C-N), 1169 (C-O), 780 (C-Br) cm^{-1} . Rendimento: 89%; mp 219-222° C; MS (m/z): 383 (M$^+$); Anal. calcd para C15H9BrF2N2O3: C, 47,02; H, 2,37; Br, 20,85; F, 9,92; N, 7,31; O, 12,53; Encontrado: C, 47,38; H, 2,45; Br, 20,72; F, 9,64; N, 7,61; O, 12,20.

7.1.12. *N'-(3-nitrobenzilideno)-2,2-difluorobenzo[d][1,3]dioxole-5-carbohidrazida (PKG-112).*

IR (KBr): 3245 (N-H), 3075 (C-H anel aromático), 2920 (C-H), 2847 (C-H), 1658 (C=O), 1543 (C=N), 1450 (C=C), 1372 (CH), 1309 (C-H), 1247 (C-N), 1154 (C-O), 1017 (C-F) cm^{-1} . Rendimento: 81%; p.f. 254-256° C; MS (m/z): 349 (M$^+$); Anal. calcd para C15H9F2N3O5: C, 51.59; H, 2.60; F, 10.88; N, 12.03; O, 22.91; Encontrado: C, 51,23; H, 2,83; F, 10,51; N, 12,67; O, 22,76.

7.1.13. *N'-(2-hidroxibenzilideno)-2,2-difluorobenzo[d][1,3]dioxole-5-carbohidrazida (PKG-113).*

IR (KBr): 3463 (O-H), 3241 (N-H), 3078 (C-H anel aromático), 2919 (C-H), 2832 (C-H), 1651 (C=O), 1539 (C=N), 1462 (C=C), 1370 (C-H), 1314 (C-H), 1253 (C-N), 1168 (C-O) cm^{-1} . Rendimento: 78%; mp 171-174° C; MS (m/z): 320 (M$^+$); Anal. calcd para C15H10F2N2O4: C, 56.26; H, 3.15; F, 11.86; N, 8.75; O, 19.98; Encontrado: C, 56,08; H, 3,32; F, 11,71; N, 8,83; O, 20,06.

7.1.14. *N'-(2-metilbenzilideno)-2,2-difluorobenzo[d][1,3]dioxole-5-carbohidrazida (PKG-114).*

IR (KBr): 3251 (N-H), 3081 (C-H anel aromático), 2925 (C-H), 2839 (C-H), 1657 (C=O), 1543 (C=N), 1429 (C=C), 1367 (CH), 1307 (C-H), 1251 (C-N), 1134 (C-O), 1012 (C-F) cm^{-1} . Rendimento: 89%; mp 188° C; MS (m/z): 318 (M$^+$); Anal. calcd para C16H12F2N2O3: C, 60.38; H, 3.80; F, 11.94; N, 8.80; O, 15.08; Encontrado: C, 60.72; H, 3.74; F, 11.82; N, 8.63; O, 15.09.

7.1.15. *N'-(4-bromo-2-fluorobenzilideno)-2,2-difluorobenzo[d][1,3]dioxol-5-carbohidrazida (PKG-115)*.

IR (KBr): 3318 (N-H), 3069 (C-H anel aromático), 2934 (C-H), 2872 (C-H), 1655 (C=O), 1547 (C=N), 1428 (C=C), 1361 (C-H), 1304 (C-H), 1257 (C-N), 1164 (C-O), 1015 (C-F), 783 (C-Br) cm^{-1} . Rendimento: 83%; mp 236-239° C; MS (m/z): 401 (M$^+$); Anal. calcd para C15H8BrF3N2O3: C, 44,91; H, 2,01; Br, 19,92; F, 14,21; N, 6,98; O, 11,97; Encontrado: C, 44,74; H, 2,32; Br, 19,82; F, 14,42; N, 6,80; O, 11,90.

7.2. Espectros representativos

7.2.1. Análises elementares

As análises de C, H e N do ligando e dos complexos foram efectuadas num analisador Vario EL III CHNS no SICART, Gujarat, Índia. O teor de metais dos complexos foi determinado por AAS após digestão com con. HNO3. A análise foi efectuada utilizando o espetrofotómetro de absorção atómica Thermo Electron Corporation, série M, no Departamento de Química, SICART, Gujarat, Índia.

7.2.2. Espectroscopia de infravermelhos

Os espectros de IV foram registados num espetrómetro de infravermelhos com transformada de Fourier JASCO FT/IR-4100 utilizando pastilhas de KBr na gama de 4000-400 cm^{-1} no Departamento de Química da Universidade de Saurashtra, Gujarat, Índia, e também num espetrofotómetro FT-IR Thermo Nicolet AVATAR 370 DTGS com pastilhas de KBr e técnica ATR no Departamento de Química da Universidade de Saurashtra, Gujarat, Índia.

7.2.3. Espectroscopia de RMN

^{1}A RMN de H das hidrazonas sintetizadas foi registada em CHCl3-d6 como solvente num espetrómetro de RMN Bruker Avance DPX-400 MHz no NIIST, Trivandrum. Os desvios químicos são indicados em G(ppm) relativamente ao TMS como padrão interno no Departamento de Química, Universidade de Saurashtra,

Gujarat, Índia.

Espectro de massa do N'-(3,4-dimetoxibenzilideno)-2,2-difluorobenzo[d][1,3]dioxol-5-carbohidreto (PKG-101).

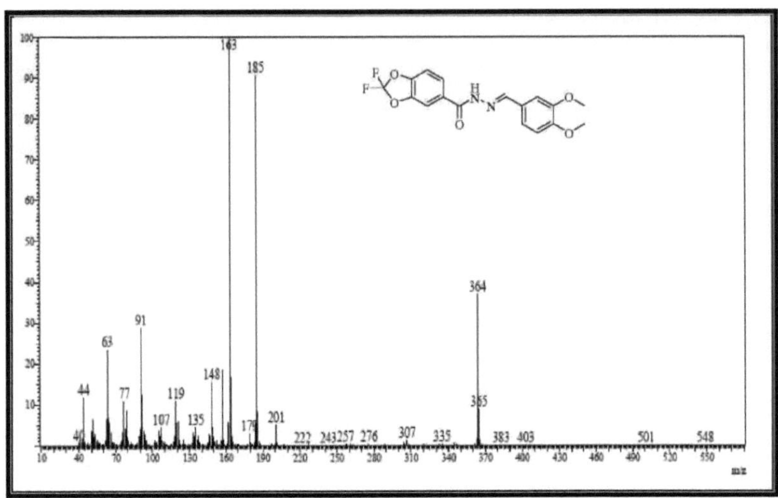

Espectros de IV do N'-(3,4-dimetoxibenzilideno)-2,2-difluorobenzo[d][1,3]dioxol-5-carbohidreto (PKG-101).

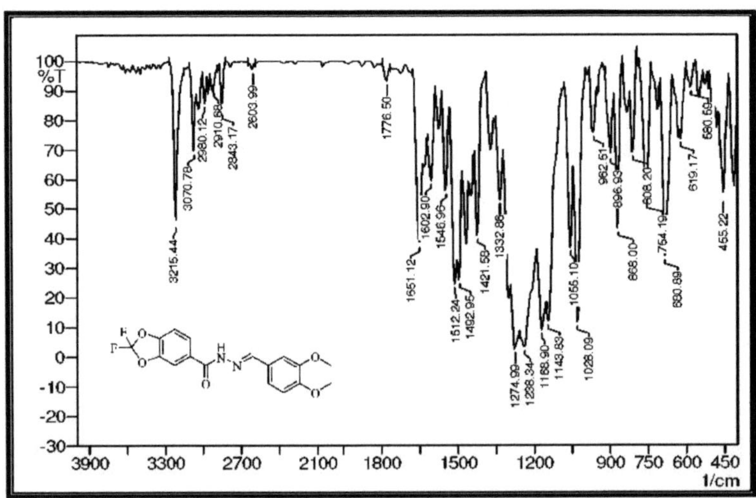

[1]Espectros de RMN de H do N'-(3,4-dimetoxibenzilideno)-2,2-difluorobenzo[d][1,3]-dioxole-5-carbohidreto (PKG-101).

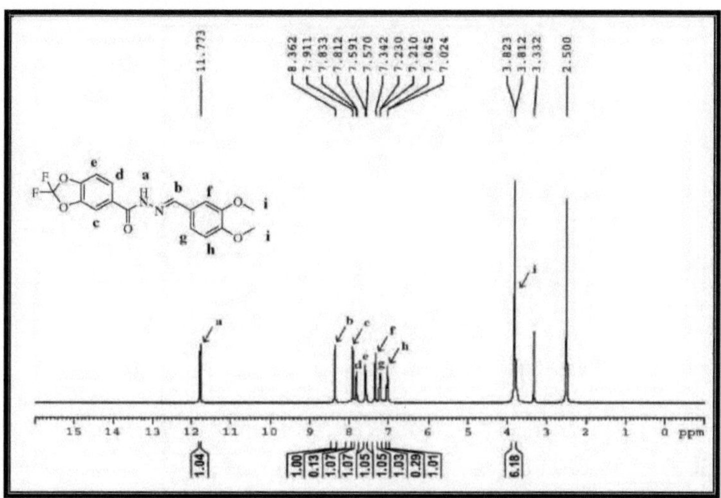

[1]Espectros de RMN de H do N'-(3,4-dimetoxibenzilideno)-2,2-difluorobenzo[d][1,3]-dioxole-5-carbohidreto (PKG-101).

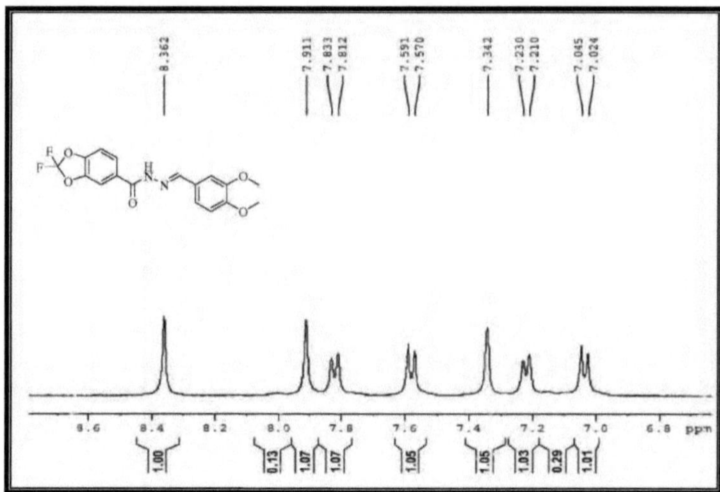

75

Espectro de massa da 2,2-difluoro -N'-((tiofen-2-il)metileno)benzo[d][1,3]dioxole-5-carbohidrazida (PKG-102).

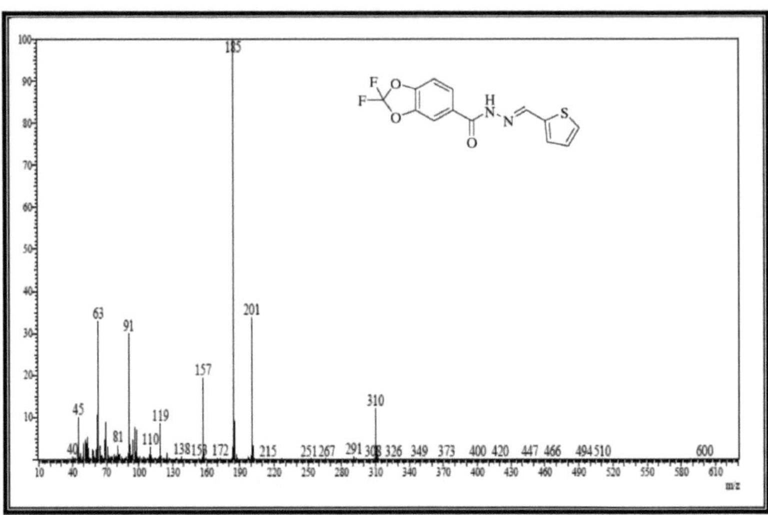

Espectros de IV da 2,2-difluoro -N'-((tiofen-2-il)metileno)benzo[d][1,3]dioxol-5-carbohidrazida (PKG-102).

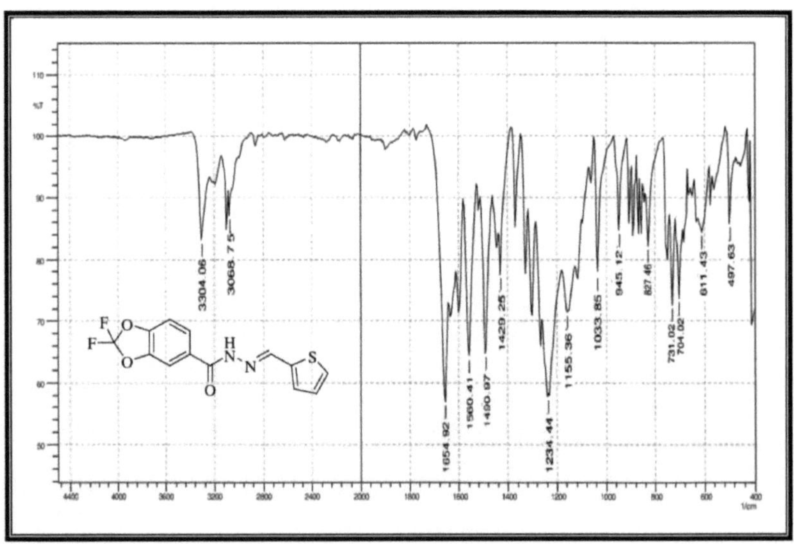

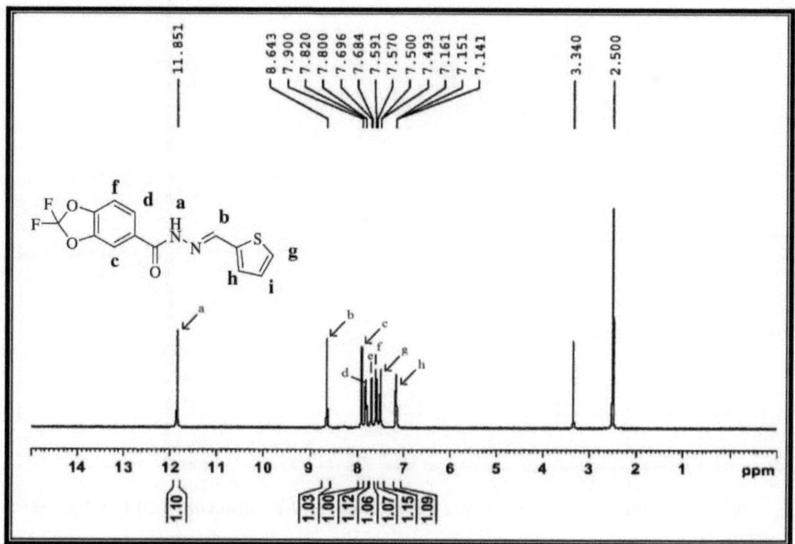

¹Espectros de RMN de H da 2,2-difluoro -N'-((tiofen-2-il)metileno)benzo[d][1,3]-dioxole-5-carbohidrazida (PKG-102).

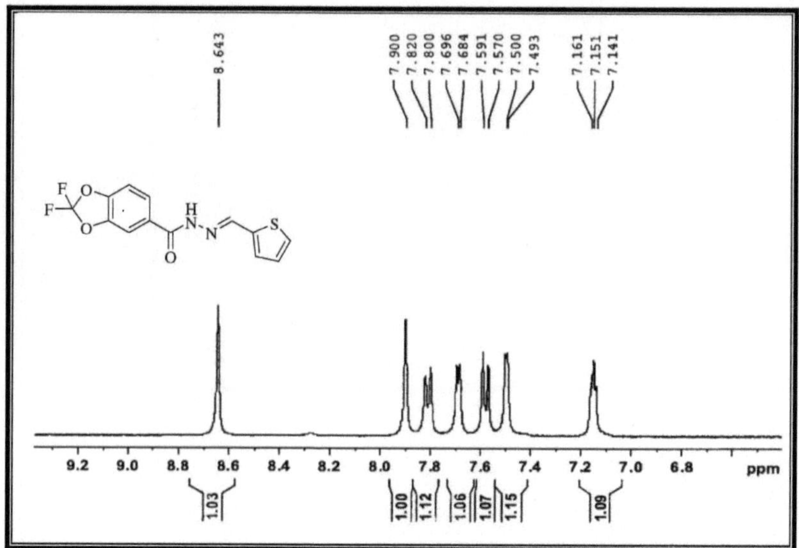

Espectro de massa da N'-(4-metoxibenzilideno)-2,2-difluorobenzo[d][1,3]dioxol-5-carbohidrazida (PKG-106).

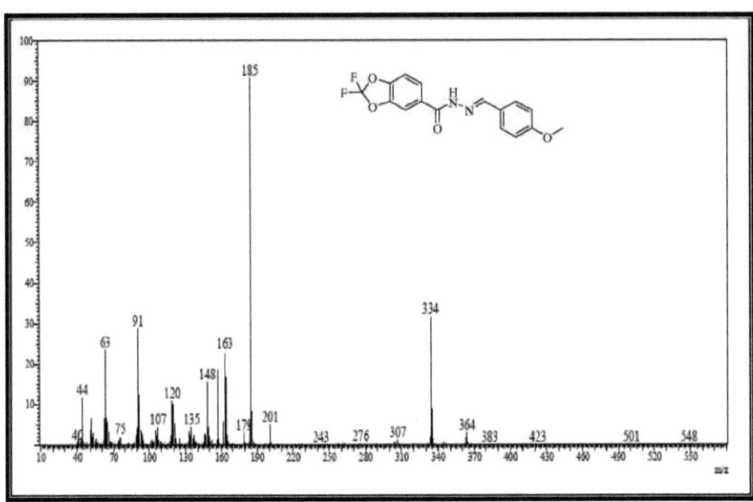

Espectros de infravermelhos da N'-(4-metoxibenzilideno)-2,2-difluorobenzo[d][1,3]dioxol-5-carbohidrazida (PKG- 106).

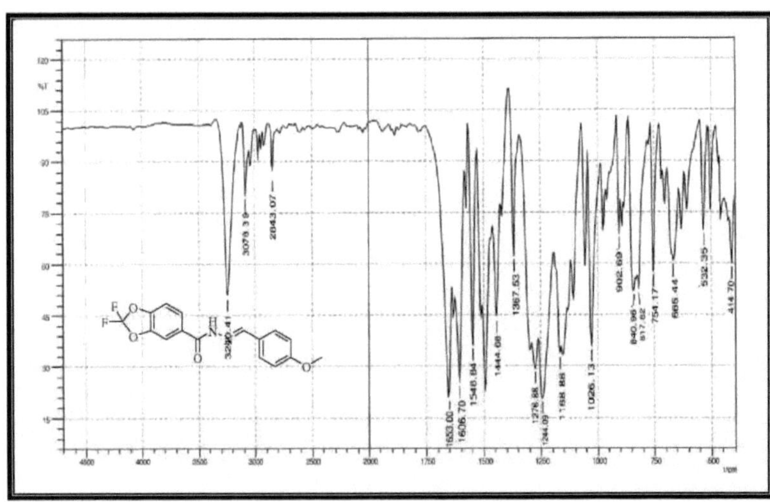

¹Espectros de RMN de H da N'-(4-metoxibenzilideno)-2,2-difluorobenzo[d][1,3]dioxol-5-carbohidrazida (PKG-106).

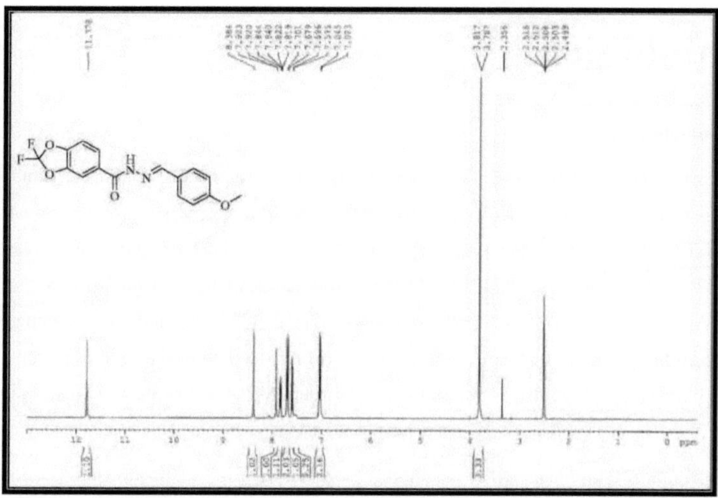

¹Espectros de RMN de H da N'-(4-metoxibenzilideno)-2,2-difluorobenzo[d][1,3]dioxol-5-carbohidrazida (PKG-106).

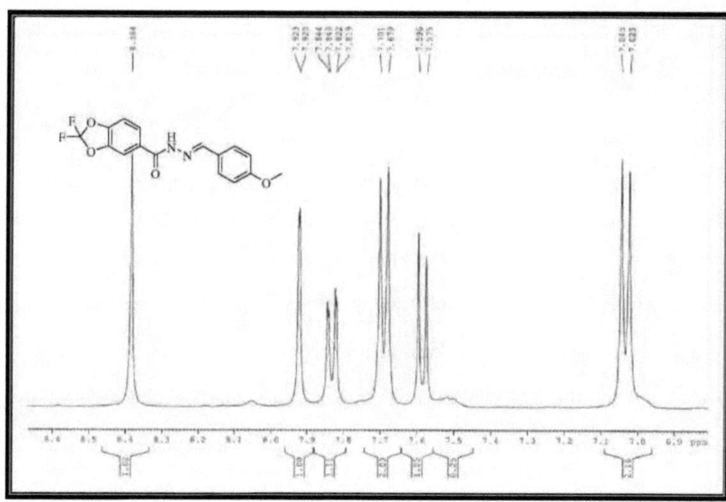

Capítulo 8

Avaliação biológica

8.1. Avaliação antimicrobiana

Todos os compostos sintetizados **(PKG- 101 a 115)** foram testados quanto à sua atividade antibacteriana e antifúngica (MIC) *in vitro* pelo método de diluição em caldo[224-226] com duas bactérias Gram-positivas *Staphylococcus aureus* MTCC-96, *Streptococcus pyogenes* MTCC 443, duas bactérias Gram-negativas *Escherichia coli* MTCC 442, *Pseudomonas aeruginosa MTCC* 441 e três estirpes fúngicas *Candida albicans* MTCC 227, *Aspergillus Niger* MTCC 282, *Aspergillus clavatus* MTCC 1323, tomando gentamicina, ampicilina, cloranfenicol, ciprofloxacina, norfloxacina, nistatina e greseofulvina como medicamentos padrão. As estirpes padrão foram obtidas da Microbial Type Culture Collection (MTCC), Institute of Microbial Technology, Surat, Índia.

Os valores da concentração inibitória mínima (CIM) para todos os compostos recentemente sintetizados, definidos como a concentração mais baixa do composto que impede o crescimento visível, foram determinados utilizando o método de microdiluição em caldo de acordo com as normas NCCLS.[224]

Concentração mínima de inibição [CIM]:-

A principal vantagem do "Método de Diluição em Caldo" para a determinação da CIM reside no facto de poder ser facilmente convertido para determinar também a CIM.

1.	Foram preparadas diluições em série para o rastreio primário e secundário.

2.	O tubo de controlo que não contém antibiótico é imediatamente subcultivado (antes da inoculação), espalhando uma alça uniformemente sobre um quarto de placa de meio adequado para o crescimento do organismo testado e colocado para incubação a 37^0 C durante a noite.

3.	A CIM do organismo de controlo é lida para verificar a exatidão das concentrações do medicamento.

4.	A concentração mais baixa que inibe o crescimento do organismo é registada como a CIM.

5.	A CIM do organismo de controlo é lida para verificar a exatidão das concentrações do medicamento.

6.	A quantidade de crescimento do tubo de controlo antes da incubação (que representa os inóculos originais) é comparada.

Métodos utilizados para o rastreio primário e secundário: -

Cada fármaco sintetizado foi diluído, obtendo-se uma concentração de 2000 µg mL⁻¹ , como solução de reserva. O tamanho do inóculo para a estirpe de teste foi ajustado para 10^8 ufc (unidade formadora de colónias) por mililitro, comparando a turvação.

Triagem primária: - No rastreio primário, foram tomadas concentrações de 1000 µg mL⁻¹ , 500 µg mL⁻¹ e 250

µg mL^{-1} dos fármacos sintetizados. Os fármacos sintetizados activos encontrados neste rastreio primário foram ainda testados num segundo conjunto de diluições contra todos os microrganismos.

Triagem secundária: - Os fármacos considerados activos no rastreio primário foram diluídos de forma semelhante para obter concentrações de 200 µg mL^{-1} , 100 µg mL^{-1} , 50 µg mL^{-1} , 25 µg mL^{-1} , 12,5 µg mL^{-1} e 6,250 µg mL^{-1} .

Resultado da leitura: - A diluição mais elevada que apresenta pelo menos 99 % de zona de inibição é considerada como CIM. O resultado é muito afetado pelo tamanho dos inóculos. A mistura de teste deve conter 10^8 organismo/mL.

Os resultados obtidos com os testes de suscetibilidade antimicrobiana são apresentados no Quadro 1.

Tabela-7.1: *Resultados do rastreio antimicrobiano para PKG-101 a 115.*

Código	Concentração mínima de inibição (µg mL^{-1})						
	Gram-positivo		Gramnegativo		Espécies de fungos		
	S.aur eus	S.pyoge nus	E.c oli	P.aerugi nosa	C.albic ans	A.nig er	A.clav atus
PKG-101	240	450	450	450	250	900	450
PKG-102	450	900	900	900	550	550	550
PKG-103	**100**	200	250	200	900	450	450
PKG-104	900	450	900	900	900	450	900
PKG-105	200	**100**	250	200	250	900	900
PKG-106	900	**62.5**	450	450	250	900	900
PKG-107	450	450	250	250	250	**100**	900
PKG-108	**100**	500	200	250	900	450	900
PKG-109	900	900	200	900	450	550	900
PKG-110	150	250	**100**	150	450	450	900
PKG-111	900	450	450	**62.5**	550	550	550
PKG-112	200	200	**100**	150	550	900	450
PKG-113	450	900	450	450	450	550	550
PKG-114	200	200	250	450	500	450	900
PKG-115	500	250	500	200	450	250	500
Gentamicina	0.25	0.5	0.05	1	-	-	-

Ampicilina	250	100	100	100	-	-	-
Chlorampheni col	50	50	50	50	-	-	-
Iprofloxacina	50	50	25	25	-	-	-
Norfloxacina	10	10	10	10	-	-	-
Nistatina	-	-	-	-	100	100	100
Greseofulvina	-	-	-	-	500	100	100

Capítulo-9

Conclusão e referências

9.1. Conclusão

Em conclusão, sintetizámos uma biblioteca de N'-acil hidrazonas contendo flúor utilizando um método simples e conveniente. Este método produz N'-acil hidrazonas em bons rendimentos, com um tempo de reação curto e fácil de trabalhar. Os produtos são isolados por filtração simples em vácuo. Os produtos isolados são muito puros. Este estudo abre uma nova área de síntese rentável de compostos de N'-acil hidrazonas à base de flúor potencialmente biologicamente activos.

9.2. Referências

1.   (a) Kim S, Yoon J Y. *Sci. Synth.,* **2004**; 27: 671. (b) Brehme R, Enders D, Fernandez R, Lassaletta J M. *Eur. J. Org. Chem.,* **2007**; 5629.

2.   (a) Shawali, A. S.; Parkanyi, C. J. Heterocycl. Chem. 1980, 17, 833. (b) Shawali, A. S.; Edrees, M. M. Arkivoc 2006, (ix), 292.

3.   (a) Attanasi, O. A.; De Crescentini, L.; Filippone, P.; Mantellini, F.; Santeusanio, S. Arkivoc 2002, (xi), 274. (b) Attanasi, O. A.; De Crescentini, L.; Favi, G.; Filippone, P.; Mantellini, F.; Perrulli, F. R.; Santeusanio, S. Eur. J. Org. Chem. 2009, 3109.

4.   (a) Khafagy, M. M.; El-Maghraby, A. A.; Hassan, S. M.; Bashandy, M. S. Phosphorus, Sulfur Silicon 2004, 179, 2113. (b) Aly, A. A.; Nour-El-Din, A. M. Arkivoc 2008, (i), 153.(c) Aly, A. A.; Brown, A. B.; El-Emary, T. I.; Ewas, A. M. M.; Ramadan, M. Arkivoc 2009,(i), 150.

5.   Elassar, A.-Z. A.; Dib, H. H.; Al-Awadi, N. A.; Elnagdi, M. H. Arkivoc 2007, (ii), 272-315.

6.   Kitaev Y P, Buzykin B I. *Russian Chem. Rev.,* **1972**; 41: 495-515.

7.   Rollas S. *J. Fac. Pharm. Ist.,* **1981**; 17: 41-50.

8.   Rollas S, Buyuktimkin S, Buyuktimkin N, Ulgen M, Yemeni E. *Pharmazie,* **1988**; 43: 511.

9.   Kocyigit-Kaymakcioglu B, Oruc E, Unsalan S, Kandemirli F, Shvets N, Rollas S, Anatholy D. *Eur. J. Med. Chem.,* **2006**; 41: 1253-61.

10.   Rollas S, Kucukguzel S G. *Molecules,* **2007**; 12: 1910-39.

11.   Ergenc N, Gunay N S. *Eur. J. Med. Chem.,* **1993**; 33: 143-8.

12.   Ling A, Plewe M, Gonzalez J, Madsen P, Sams C K, Lau J, Gregor V, Murphy D, Teston K, Kuki A, Shi S, Truesdale L, Kiel D, May J, Lakis J, Anderes K, Iatsimirskaia E, Sidelmann U G, Knudsen L B, Brand C L, Polinsky A. *Bioorg. Med. Chem. Lett.,* **2002**; 12: 663-6.

13.   Perdicchia D, Licandro E, Maiorana S, Baldoli C, Giannini C. *Tetrahedron,* **2003**; 59: 7733-42.

14. Belskaya N P, Dehaen W, Bakulev V A. *Arkivoc,* **2010**; (i): 275-332.

15. Martin-Zamora E, Ferrete A, Llera J M, Munoz J M, Pappalardo R R, Fernandez R, Lassaletta J M. *Chem. Eur. J.,* **2004**; 10: 6111.

16. (a) Grigg R. Chem. Soc. Rev., **1987**; 16: 89. (b) Deng X, Mani N S. *J. Org. Chem.,* **2008**; 73: 2412.

17. Richardson D R, Milnes K. *Blood,* **1997**; 89: 3025-38.

18. Khattab S N. *Molecules,* **2005**; 10: 1218-28.

19. Johnson D K, Murphy T B, Rose N J. *Inorg. Chim. Ata,* **1982**; 67: 159-165.

20. Richardson D R, Ponka P. *J. Lab. Clin. Med.,* **1998**; 131: 307-15.

21. Mohareb R M, Fleita D H, Sakka O K. *Molecules,* **2011**; 16: 16-27.

22. Cui Z, Li Y, Ling Y, Huang J, Cui J, Wang R, Yang X. *Eur. J. Med. Chem.,* **2010**; 45:5576-84.

23. Ajani O O, Obafemi C A, Nwinyi O C, Akinpelu D A. *Bioorg. Med. Chem.,* **2010**; 18:214-21.

24. Narasimhan B, Kumar P, Sharma D. *Ata Pharma Sci.,* **2010**; 52: 169-180.

25. Uppal G, Bala S, Kamboj S, Saini M. *der pharma. Chem.* **2011**; 3: 250-68.

26. Kucukguzel S G, Mazi A, Sahin F, Ozturk S, Stables J P. *Eur. J. Med. Chem.,* **2003**; 38: 1005-13.

27. Ozdemir A, Kaplancikli Z A, Turan-Zitouni G, Revial G. *Marmara Pharm. J.,* **2010**; 14:79-83.

28. Gulerman N N, Oruc E E, Kartal F, Rollas S. *Eur. J. Drug Metab Pharmacokinet,* **2000**; 25: 103-8.

29. Komurcu S G, Rollas S, Ulgen M, Gorrod J W, Cevikbas A. *Boll. Chim. Farmaceutico Anno.,* **1995**; 134: 281-5.

30. Imramovsky A, Polanc S, Vinsova J, Kocevar M, Jampilek J, Zuzana Reckova, Kaustova J. *Bioorg. Med. Chem.,* **2007**; 15: 2551-59.

31. Rollas S. *John Wiley & Sons, Inc. Nova Jersey,* **2008**; 829-851.

32. Rollas S, Kucukguzel S G. *Open Drug Deliv. J.,* **2008**; 2: 77-85.

33. Bildstein l, Dubernet C, Couvreur P. *Adv. Drug Deliv. Rev.,* **2011**; 63: 2-23.

34. Rawat J, Jain P K, Ravichandran V, Agrawal R K. *Arkivoc,* **2007**; (i): 105-118.

35. Kratz F. Expert Opin. Investig. *Drugs,* **2007**; 16: 855-66.

36. Ducry L, Stump B. *Bioconjugate Chem.,* **2010**; 21: 5-13.

37. Kucukguzel S G, Oruc E E, Rollas S, Sahin F, Ozbek A. *Eur. J. Med. Chem.,* **2002**; 37: 197-206.

38. Cesur N, Cesur Z, Ergenc N, Uzun M, Kiraz M, Kasimoglu O, Kaya D. *Arch. Pharm.,* **1994**; 327: 271-72.

39.   Kalsi R, Shrimali M, Bhalla T N, Barthwal J P. *Indian J. Pharm. Sci.,* **2006**; 41: 353-59.

40.   Kumar D, Bux F B, Singh Arun. *Rasayan J. Chem,* **2010**; 3: 497-502.

41.   Mansour A K, Eid M M, Khalil N S A M. *Molecules,* **2003**; 8: 744-55.

42.   Dobrota C, Paraschivescu C C, Dumitru I, Matache M, Baciu I, Ruta L L. *Tetrahedron Lett.,* **2009**; 50: 1886-88.

43.   Balachandran K S, George M V. Tetrahedron, 1973; 29: 2119-2128.

44.   Kovarikova P, Mokry M, Klimes J, Vavrova K. *J. Pharmaceut. Biomed. Anal.,* **2006**; 40: 105-112.

45.   Ulgen M, Barlas-Durgun B, Rollas S, Gorrod J W. *Drug Metabolism and Drug Interaction,* **1997**; 13: 285-94.

46.   Hearn M J, Chanyaputhipong P Y. *J. Heterocyclic Chem.,* **1995**; 32: 1647-49.

47.   Yale H L, Losee K, Martins J, Holsing M, Perry F M, Bernstein J. *J. Am. Chem. Soc.,* **1953**; 75: 1933-42.

48.   Somogyi Laszlo. *Carbohydr Res.,* **1979**; 75: 325-30.

49.   Hassan E, Al-Ashmawi M I, Abdel-Fattah B. *Pharmazie,* **1983**; 38: 833-5.

50.   Ergenc N, Rollas S, Topaloglu Y, Otuk G. *Arch. Pharm.,* **1989**; 322: 837-8.

51.   Rollas S, Gülerman N N, Erdeniz H. *Farmaco,* **2002**; 57: 171-4.

52.   Rahman M M A, EL-Ashry E S H, Abdallah A A, Rashed N C. *Carbohydr Res.,* **1979**; 73: 103-11.

53.   Maccioni E, Alcaro S, Cirilli R, Vigo S, Cardia M C, Sanna M L, Meleddu R, Yanez M, Costa G, Casu L, Matyus P. *J. Med. Chem,* **2011**; 54: 6394-98.

54.   Somogyi L. *Tetrahedron,* **1985**; 41: 5187-90.

55.   Somogyi L. *Carbohydr Res.,* **1988**; 182: 19-29.

56.   Somogyi L, Czugler M, Sohar P. *Tetrahedron,* **1992**; 48: 9355-62.

57.   Somogyi L. *J. Heterocyclic Chemistry,* **2007**; 44: 1235-46.

58.   M.M. Heravi, L. Ranjbar, F. Derikvand, H.A. Oskooie, F.F. Bamoharram, J. Mol. Catal. A: Chem. 265 (2007) 186.

59.   C. Maurya, S. Rajput, J. Mol. Struct. 833 (2007) 133.

60.   U.O. Ozmen, G. Olgun, Spectrochim. Ata Part A 70 (2008) 641.

61.   N. Ozbek, G. Kavak, Y. Ozcan, S. Ide, N. Karacan, J. Mol. Struct. 919 (2009) 154.

62.   O. Pouralimardan, A.-C. Chamayou, C. Janiak, H.H. -Monfared, Inorg. Chim. Ata 360 (2007) 1599.

63.   A. Ray, S. Banerjee, S. Sen, R.J. Butcher, G.M. Rosair, M.T. Garland, S. Mitra, Struct. Chem. 19 (2008)

209.

64.	N.A. Mangalam, S. Sivakumar, S.R. Sheeja, M.R.P Kurup, E.R.T. Tiekink, Inorg. Chim. Ata 362 (2009)4191.

65.	A.A.R. Despaigne, J.G. Da Silva, A.C.M. Do Carmo, O.E. Piro, E.E. Castellano, H. Beraldo, J. Mol. Struct. 920 (2009) 97.

66.	M.F. Iskander, T.E. Khalil, R. Werner, W. Haase, I. Svoboda, H. Fuess, Polyhedron 19 (2000) 949.

67.	B. Samanta, J. Chakraborty, S. Shit, S.R. Batten, P. Jensen, J.D. Masuda, S. Mitra, Inorg. Chim. Ata 360 (2007) 2471.

68.	S. Naskar, D. Mishra, R.J. Butcher, S.K. Chattopadhyay, Polyhedron 26 (2007) 3703.

69.	E. Vinuelas-Zahinos, M.A. Maldonado-Rogado, F. Luna-Giles, F.J. Barros-Garcia, Polyhedron 27 (2008) 879.

70.	A. Ray, S. Banerjee, R.J. Butcher, C. Desplanches, S. Mitra, Polyhedron 27 (2008) 2409.

71.	S. Sen, S. Mitra, D.L. Hughes, G. Rosair, C. Desplanches, Polyhedron 26 (2007) 1740.

72.	H. Yin, Ata Cryst. C 64 (2008) 324.

73.	A. Ray, C. Rizzoli, G. Pilet, C. Desplanches, E. Garriba, E. Rentschler, S. Mitra, Eur. J. Inorg. Chem. (2009) 2915.

74.	C.M. Armstrong, P.V. Bernhardt, P. Chin, Des R. Richardson, Eur. J. Inorg. Chem. (2003) 1145.

75.	Wu, Anna M.; Senter, Peter D. Nature Biotechnology 2005, 23 (9), 1137-46.

76.	Walcourt A, Loyevsky M, Lovejoy D B, Gordeuk V R, Richardson D R. Novel. Int. J. Biochem. Cell Biol., 2004; 36: 401-407

77.	Bernardino A, Gomes A, Charret K, Freitas A, Machado G Canto-Cavalheiro M, Leon L, Amaral V. Eur. J. Med. Chem., 2006; 41: 80-87

78.	Gemma, S.; Kukreja, G.; Fattorusso, C.; Persico, M.; Romano, M.; Altarelli, M.; Savini, L.; Campiani, G.; Fattorusso, E.; Basilico, N. Síntese de N1-arilideno-N2-quinolil- e N2acridinil-hidrazonas como potentes agentes antimaláricos activos contra estirpes de P. falciparum resistentes à CQ. Bioorg. Med. Chem.Lett. 2006,16, 5384-5388

79.	Silva, A.G.; Zapata-Suto, G.; Kummerle, A.E.; Fraga, C.A.M.; Barreiro, E.J.; Sudo, R.T. Síntese e atividade vasodilatadora de novos derivados da N-acil-hidrazona, concebidos como análogos do LASSBio294.Bioorg. Med. Chem. 2005, 13, 3431-3437

80.	Abdel-Aal, M.T.; El-Sayed, W.A.; El-Ashry, E.H. Síntese e avaliação antiviral de algumas arilglicinoil-hidrazonas de açúcar e seus derivados de oxadiazolina. Arch. Pharm. Chem. Ciências da Vida.2006, 339, 656-663

81.	Ergenc N, Gunay N S. Eur. J. Med. Chem., 1998; 33: 143-148

82. Ergenç, N.; Günay, N.S. Síntese e avaliação antidepressiva de novos derivados de 3-fenil-5sulfonamidoindole, Eur. J. Med. Chem. 1998, 33, 143-148.

83. Narayana Swamy B, Suma T K, Venkateswara Rao G, Chandrasekara Reddy G. Eur. J. Med. Chem., 2007; 42: 420-424

84. Demirbas N, Karaoglu S, Demirbas A, Sancak K. Eur. J. Med. Chem., 2004; 39: 793-804.

85. Jin L, Chen J, Song B, Chen Z, Yang S Li Q, Hu D, Xu R. Bioorganic Med. Chem. Lett., 2006; 16: 5036-5040

86. Rafat M, Mohareb. Molecules, 2011, 16: 16-27

87. Pandey, J.; Pal, R.; Dwivedi, A.; Hajela, K. Síntese de alguns novos derivados de diaril e triaril hidrazona como possíveis moduladores dos receptores de estrogénio.Arzneimittelforschung. 2002, 52, 39-44

88. Abadi, A.H.; Eissa, A.A.H.; Hassan, G.S. Síntese de novos derivados de pirazol 1,3,4-trisubstituídos e sua avaliação como agentes antitumorais e antiangiogénicos. Chem. Pharm. Bull.2003, 51, 838-844

89. Terzioglu, N.; Gürsoy, A. Síntese e avaliação anticancerígena de alguns novos derivados de hidrazona de 2,6-dimetilimidazo[2,1-b]-[1,3,4]tiadiazole-5-carbohidrazida. Eur. J. Med. Chem. 2003,38, 781-786

90. Gürsoy, A.; Karali, N. Síntese e avaliação da citotoxicidade primária de 3-[[[(3-fenil-4(3H)quinazolinona-2-il)mercaptoacetil]hidrazono]-1H-2-indolinonas. Eur. J. Med. Chem. 2003,38, 633-643

91. Savini L.; Chiasserini, L.; Travagli, V.; Pellerano, C.; Novellino, E.; Cosentino, S.; Pisano, M.B. New α-heterocyclichydrazones : avaliação da atividade anticancerígena, anti-HIV e antimicrobiana. Eur.J.Med.Chem. 2004, 39,113-122

92. Zhang, H.; Drewe, J.; Tseng, B.; Kasibhatla, S.; Cai, S.X. Descoberta e SAR de benzilidenohidrazidas de ácido indol-2carboxílico como uma nova série de potentes indutores de apoptose utilizando um ensaio HTS baseado em células. Bioorg. Med. Chem. 2004, 12, 3649-3655

93. Cocco, M. T.; Congiu, C.; Lilliu,V.; Onnis, V. Síntese e atividade antitumoral in vitro de novos derivados de hidrazinopirimidina-5-carbonitrilo. Bioorg. Med. Chem. 2005 , 14, 366-372

94. Vicini, P.; Incerti, M.; Doytchinova, I.; La Colla, P.; Busonera, B.; Loddo, R. Síntese e atividade antiproliferativa de hidrazonas de benzo[d]isotiazol. Eur. J.Med. Chem.2006,41, 624-632

95. Gürsoy, E.; Güzeldemirci-Ulusoy, N. Síntese e avaliação da citotoxicidade primária de novos derivados de imidazo[2,1-b]tiazóis. Eur. J. Med. Chem.2007,42, 320-326

96. Duarte, C.D.; Tributino, J.L.M.; Lacerda, D.I.; Martins, M.V.; Alexandre-Moreira, M.S.; Dutra, F.; Bechara, E.J.H.; De-Paula, F.S.; Goulart, M.O.F.; Ferreira, J.; Calixto, J.B.; Nunes, M.P.; Bertho, A.L.; Miranda, A.L.P.; Barreiro, E.J.; Fraga, C.A.M.; Síntese, avaliação farmacológica e estudos electroquímicos de novos derivados da 6-nitro-3,4-metilenodioxifenil-Nacilidrazona : Descoberta do LASSBio-881, um novo ligando dos receptores canabinóides. Bioorg. Med. Chem. 2007, 15, 2421-2433

97.   El-Hawash, S.A.M.; Abdel Wahab, A.E.; El-Dewellawy, M.A. Hidrazonas de ácido cianoacético de 3(e 4-) acetilpiridina e alguns sistemas de anéis derivados como potenciais agentes antitumorais e anti-HCV. Arch. Pharm. Chem. Life Sci.2006, 339, 14-23

98.   Makawana.Jigar A.; Sun. Juan.; Zhu. Hai-Liang. Bioorganic & Medicinal Chemistry Letters. 23(23), 2013, 6264-6268.

99.   Congiu.Cenzo.;e Onnis. Valentina. Bioorganic & Medicinal Chemistry. 21(21), 2013, 65926599.

100.   Fujita, Masatoshi; Ohshima, Takashi; Morimoto, Hiroyuki. PCT Int. Appl. (2013), WO 2013061669 A1 20130502.

101.   Hormann, Robert E.; Shulman, Inna; Rodel, Eva; Hilfiker, Rolf; Depaul, Susan M.PCT Int. Appl. (2013), WO 2013036758 A1 20130314.

102.   Bhole.Ritesh P.; e Bhusari. Kishore. P.Medicinal Chemistry Research. 20(6), 2011, 695-704.

103.   Bedlovicova. Zdenka; Imrich. Jan; Kristian. Pavol; Danihel. Ivan; Bohm. Stanislav; Sabolova. Danica; Kozurkova. Maria; Paulikova. Helena; eKlika.Karel. D.Heterocycles. 80(2), 2010, 1047-1066.

104.   Turan-Zitouni G, Blache Y, Guven K. Boll. Chim. Farm., 2001; 140: 397-400

105.   Rollas, S.; Gülerman, N.; Erdeniz, H. Síntese e atividade antimicrobiana de algumas novas hidrazonas de hidrazida do ácido 4-fluorobenzóico e 3-acetil-2,5-dissubstituídas-1,3,4-oxadiazolinas. Farmaco2002, 57, 171-174.

106.   Küçükgüzel, Ş.G.;Rollas S.; Erdeniz H.; Kiraz M.Síntese, Caracterização e Avaliação Antimicrobiana de Etil 2-Arilhidrazono-3-oxobutiratos, Eur. J. Med. Chem. 1999,34, 153-160

107.   Küçükgüzel, Ş.G.; Oruç E.E.; Rollas S.; Şahin, F.; Ozbek,A. Síntese, caraterização e atividade biológica de novas 4-tiazolidinonas, 1,3,4-oxadiazóis e alguns compostos relacionados. Eur. J. Med. Chem.2002, 37, 197-206

108.   Tavares, L.C.;Chiste, J.J.; Santos, M.G.B.; Penna, T.C.V. Síntese e atividade biológica da nifuroxazida e análogos. II . Boll. Chim. Farm.1999,138, 432-436

109.   Ulusoy, N.; Çapan, G.; Otük, G.; Kiraz, M. Síntese e atividade antimicrobiana de novos derivados de 6-fenilimidazo[2,1-b]tiazóis. Boll. Chim. Farm.2000, 139, 167-172

110.   Turan-Zitouni, G.; Blache, Y.; Güven, K. Síntese e atividade antimicrobiana de alguns derivados de arilidenohidrazida do ácido imidazo[1,2-a]piridina-2-carboxílico. Boll. Chim. Farm.2001,140, 397-400

111.   Vicini, P. ; Zani, F.; Cozzini, P. ; Doytchinova, I.Hydrazones of 1,2-benzisothiazole hydrazides: synthesis, antimicrobial activity and QSAR investigations. Eur. J. Med. Chem. 2002, 37, 553-564

112.   Küçükgüzel , Ş.G.; Mazi, A.; Şahin, F.; Oztürk S.; Stables, J. P. Síntese e actividades biológicas de hidrazidas-hidrazonas diflunisais. Eur. J. Med. Chem. 2003, 38, 1005-1009

113.   Loncle, C. ; Brunel, J.; Vidal, N.; Dherbomez, M.; Letourneux, Y. Síntese e atividade antifúngica de

derivados de colesterol-hidrazona. Eur. J. Med. Chem. 2004, 39, 1067-1071

114. Masunari, A.; Tavares, L.C. Uma nova classe de análogos da nifuroxazida: Síntese de derivados de 5-nitrofeno com atividade antimicrobiana contra Staphylococcus aureus multirresistente. Bioorg. Med. Chem. 2007, 15 , 4229-4236

115. www.TAACF.org

116. Sah, P.P.T.; Peoples, S.A. Isonicotinyl hydrazones as antitubercular agents and derivatives for idendification of aldehydes and ketones. J. Am. Pharm. Assoc. 1954, 43, 513-524

117. Bavin E.M.; Drain, D.J.; Seiler, M.; Seymour, D.E. Some further studies on tuberculostatic compounds. J. Pharm. Pharmacol. 1954, 4, 844-855

118. Bukowski L.; Janowiec, M. Ácido 1-metil-1H-2-imidazo[4,5-b]piridinocarboxílico e alguns derivados com suspeita de atividade antituberculótica. Pharmazie1996,51, 27-30

119. Küçükgüzel, Ş.G.;Rollas, S.; Küçükgüzel, İ; Kiraz, M. Síntese e atividade antimicobacteriana de alguns produtos de acoplamento a partir de hidrazonas do ácido 4-aminobenzóico. Eur. J. Med. Chem. 1999, 34, 1093-1100

120. Cocco, M.T.; Congiu, C.; Onnis, V.; Pusceddo, M.C.; Schivo, M.L.; De Logu, A. Síntese e atividade antimicobacteriana de algumas isonicotinoil-hidrazonas. Eur. J. Med. Chem. 1999,34, 10711076

121. Bukowski L.; Janowiec, M.; Zwolska-Kwiek, Z.; Andrzejczyk, Z. Síntese e algumas reacções de 2-acetilimidazo[4,5-b]piridina. Atividade antituberculótica dos compostos obtidos. Pharmazie1999,54, 651-654

122. MamoloM.G. Falagiani, V.; Zampieri, D.; Vio, L.; Banfi , E. Síntese e atividade antimicobacteriana de derivados de arilideno-hidrazida do ácido acético [5-(piridina-2-il)-1,3,4-tiadiazol-2-iltio]. Farmaco2001,56, 587-592

123. Ulusoy, N.; Gürsoy, A.; Otük, G.; Kiraz, M. Síntese e atividade antimicrobiana de alguns derivados do ácido 1,2,4triazol-3-mercaptoacético. Farmaco2001, 56, 947-952

124. Savini L.; Chiasserini, L.; Gaeta, A.; Pellerano, C. Síntese e avaliação anti-tuberculosa de quinolil-hidrazonas.Bioorg. Med. Chem. 2002, 10 , 2193-2198

125. Rando D.; Sato, D.N.; Siqueira, L.; Malvezzi, A.; Leite, C.Q.F.; Amaral, A.T.; Ferreira, E.I.; Tavares, L.C. Potenciais agentes tuberculostáticos. Aplicação do Topliss na série de hidrazidas do ácido benzoico [(5-Nitrotiofeno-2-il)metileno]. Bioorg. Med. Chem. 2002, 10 , 557-560

126. Kaymakçioglu K.B.; Rollas, S. Síntese, caraterização e avaliação da atividade antituberculose de algumas hidrazonas. Farmaco2002, 57, 595-599

127. Küçükgüzel, Ş.G.;Rollas, S. Síntese, Caracterização de Novos Produtos de Acoplamento e 4Arylhydrazono-2-pyrazoline-5-ones como Potenciais Agentes Antimicobacterianos.Farmaco2002,57, 583-587

128. MamoloM.G.; Falagiani, V.; Zampieri, D.; Vio, L.; Banfi , E.; Scialino, G. Síntese e atividade antimicobacteriana de derivados de hidrazida de (3,4-diaril-3H-tiazol-2-ilideno)-Hidrazida.Farmaco2003,58, 631-637

129. Sriram, D.; Yogeeswari, P.; Madhu, K. Síntese e atividade antimicobacteriana in vitro e in vivo de hidrazonas isonicotinoílicas. Bioorg. Med. Chem. Lett. 2005, 15, 4502-4505

130. Maccari, R.; Ottana, R.; Vigorita, M.G. Rastreio antimicobacteriano avançado in vitro de hidrazonas, hidrazidas e cianoboranos relacionados com a isoniazida: Parte 14. Bioorg. Med. Chem.Lett. 2005, 15, 2509-2513

131. Shindikar, A.V.; Viswanathan, C.L. Novas fluoroquinolonas: conceção, síntese e atividade in vivo em ratos contra Mycobacterium tuberculosis H37 Rv . Bioorg. Med. ChemLett., 2005 , 15, 1803-1806

132. Sinha, N.; Jain, S.; Tilekar, A. ; Upadhayaya, R.S.; Kishore, N.; Jana, G.H.; Arora, S.K. Síntese de hidrazidas do ácido isonicotínico N'-Arilideno-N-[2-oxo-2-(4-aril-piperazin-1-il)etil]como agentes antituberculose. Bioorg. Med. ChemLett. 2005, 15, 1573-1576

133. Sriram, D.; Yogeeswari, P.; Madhu, K. Síntese e atividade antituberculosa in vitro de algumas 1-[(4sub)fenil]-3-(4-{1-[(piridina-4-carbonil)hidrazono]etil} fenil)tioureia. Bioorg. Med. Chem. 2006, 14, 876-878

134. Nayyar, A.; Malde, A.; Coutinho, E.; Jain, R. Síntese, atividade anti-tuberculose e estudo 3D-QSAR de derivados de carbaldeído-2/4-quinolinecarbaldeído substituídos em anel. Bioorg. Med. Chem. 2006, 14, 7302-7310

135. Sriram, D.; Yogeeswari, P.; Devakaram, R.V. Síntese, actividades antimicobacterianas in vitro e in vivo de hidrazonas e amidas do ácido diclofenac. Bioorg. Med. Chem. 2006, 14, 3113-3118

136. Kaymakçioglu K.B.; Oruç, E.E.; Unsalan, S.; Kandemirli, F.; Shvets, N.; Rollas, S.; Anatholy, D. Síntese e caraterização de novas hidrazidas-hidrazonas e estudo da sua atividade estrutural-antituberculose. Eur. J. Med. Chem, 2006,41, 1253-1261

137. Bijev A. Novas hidrazonas heterocíclicas na procura de agentes antituberculosos: Síntese e avaliações in vitro. Lett.Drug Des. Discov.2006,3, 506-512

138. Shiradkar, M.R.; Murahari, K.K.; Gangadasu, H.R.; Suresh, T.; Kalyan, C.C.; Panchal, D.; Kaur, R.; Burange, P.; Ghogare, J.; Mokale, V.; Raut, M. Síntese de novos derivados S de triazolil tiazóis com clube como agentes anti-Mycobacterium tuberculosis. Bioorg. Med. Chem. 2007, 15, 39974008

139. Imramovsky A.; Polanc, S.;Vinsovà, J.; Kocevar, M.; Jampilek, J.; Reckovà, Z.; Kaustovà, J. Uma nova modificação de moléculas activas anti-tuberculose. Bioorg. Med. Chem. 2007, 15, 2551-2559

140. Somashekhar. M.; Mahesh. A. R.; Sonnad.;Basavraj.World Journal of Pharmacy and Pharmaceutical Sciences, 2(4), 2013, 2011-2020.

141. Por Pan. Xiao-qiu; Huang. Shan-shan; Wang.Fei; Fan.Hui; Leng.Hui; Zhang.Hou-li; e Diao. Yun-peng.

Jornal Chinês de Química Estrutural, 32(1), 2013, 142-148.

142. Wang.Zhigang; Zhi.Feng; Wang.Rong; Xue.Lian; Zhang.Yi; Wang.Qiang; e Yang. Yi-Lin. Jornal da Sociedade Chilena de Química, 58(2), 2013, 1763-1766.

143. Babu. M.;Narayana.;Sharm.;Lalita.; e Madhavan. V. International Journal of ChemTech Research, 4(3), 2012, 903-909.

144. El-Hashash; Maher. A.; El-Kady; Ahmed Y.; Taha, .;Mamdouh A.; El-Shamy, Ibrahim. E. Jornal Chinês de Química 30(3), 2012, 616-626

145. Oezkay, Yusuf, Tunali, Yagmur, Karaca, Huelya, Isikdag e Ilhan. Archives of Pharmacal Research 34(9), 2011, 1427-1435

146. Izabella G Ribeiro, Kelly Christine M Da Silva, Sergio C Parrini, Ana Luisa P de Miranda, Carlos A M Fraga, Eliezer J Barreori. Eur. J. Med. Chem., 1998; 33: 225-235

147. Salgin-Goksen U, Gokhan-Kelekci N, Goktas O, Koysal Y, Kilic E, Isik S, Aktay G, Ozalp M. Bioorganic Med. Chem., 2007; 15: 5738-5751

148. Todeschini, A.R.; Miranda, A.L.; Silva C.M.; Parrini, S.C.; Barreiro, E.J. Síntese e avaliação das propriedades analgésicas, antiinflamatórias e antiplaquetárias de novos derivados da 2piridilcarilidrazona. Eur. J. Med. Chem. 1998, 33 , 189-199

149. Lima, P.C., Lima, L.M.; Silva, K.C.; Leda, P.H.; Miranda, A.L.P.; Fraga, C.A.M; Barreiro, E.J.; Síntese e atividade analgésica de novas N-acil-hidrazonas e isósteros, derivados de safrol natural. Eur. J. Med. Chem. 2000,35, 187-203

150. Fraga, A.G.M.; Rodrigues, C.R.; Miranda, A.L.P.; Barreiro, E.J.; Fraga, C.A.M. Síntese e avaliação farmacológica de novos derivados heterocíclicos de acilidrazonas, concebidos como antagonistas do PAF. Eur. J. Pharm. Sci. 2000, 11 , 285-290

151. Silva, G.A.; Costa, L.M.M.; Brito, F.C.F.; Miranda, A.L.P.; Barreiro, E.J.; Fraga, C.A.M. Nova classe de potentes derivados da 10H-fenotiazina-1-acil-hidrazona antinociceptiva e antiplaquetária. Bioorg. Med. Chem, 2004, 12, 3149-3158

152. Salgin-Gokşen, U.; Gokhan-Kelekçi, N.; Goktaş, 0.; Koysal, Y.; Kiliç, E.; Işik, Ş.; Aktay, G.; Ozalp, M. I-Aciltiossemicarbazidas, 1,2,4-triazol-5 (4H) -tiões, 1,3,4-tiadiazóis e hidrazonas contendo 5-metil-2-benzoxazolinonas: Síntese, actividades analgésica-anti-inflamatória e antimicrobiana. Bioorg. Med. Chem. 2007,15, 5738-5751

153. Abdel Haleem Mohamed Eissa.Amal.;Abd El-Hakeem Soliman.Gamal.;e Khataibeh.Moayad Hussein. Chemical & Pharmaceutical Bulletin, 60(10). 2012, 1290-1300

154. Saravanan.Govindaraj.;Alagarsamy.Veerachamy.;e Prakash. ChinnasamyRajaram. Drug Discoveries & Therapeutics. 6(2), 2012, 78-87

155. Hunoor.Rekha S.; Patil.Basavaraj. R.; Badiger.Dayananda S.; Vadavi. Ramesh S.; Gudasi.Kalagouda

B.; Chandrashekhar. V. M.; e Muchchandi. I. S. Applied Organometallic Chemistry. 25(6), 2011, 476-483

156. Maia. Rodolfo C.; Silva. Leandro L.; Mazzeu. Eduardo F.; Fumian.Milla M.; de Rezende. Claudia M.; Doriguetto. Antonio C.; Correa. Rodrigo S.; Miranda. Ana Luisa P.; Barreiro. Eliezer J.; e Fraga. Carlos Alberto Manssour. Bioorganic & Medicinal Chemistry. 17(18), 2009, 6517-6525

157. Kuemmerle. Arthur E.; Vieira. Marina M.; Schmitt.Martine.; Miranda. Ana L. P.; Fraga. Carlos A. M.; Bourguignon. Jean Jacques; Barreiro. Eliezer J. Bioorganic& Medicinal Chemistry Letters. 19(17), 2009, 4963-4966

158. Epsztajn. Jan.; Czarnecka. Elzbieta; Szczesniak. Aleksandra; Pakulska.Wanda; e Malinowski.Zbigniew. PCT Int. Appl. (2009), WO 2009051504 A1 20090423

159. Hegazy.GehanHegazy; Taher.Azza; e El-Zaher.Asmaa Ahmed. Archiv der PharmazieWeinheim, Alemanha, 338(8), 2005, 378-384

160. Lima. Patrícia C.; Lima. Lidia M.; Da Silva. Kelli Cristine M.; Leda. Paulo Henrique O.; De Miranda. Ana Luisa P.;Fraga. Carlos A. M.; Barreiro. Eliezer. J. European Journal of Medicinal Chemistry , 35(2), 2000, 187-203.

161. Coelho. Alberto.;Ravina.Enrique.;Fraiz.Nuria.; Yanez.Matilde.; Laguna.Reyes.; Cano.Ernesto.; Sotelo. Eddy. Jornal de Química Medicinal, 50(26), 2007, 6476-6484

162. Vicini. P.; Amoretti. L.; Ballabeni. V.; Tognolini. M.; e Barocelli. E. Bioorganic & Medicinal Chemistry. 8(9), 2000, 2355-2358

163. Eguchi.Yukuo; Sato.Yuko; Sekizaki.Satomi; Ishikawa. Masayuki. Boletim Químico e Farmacêutico, 39(8), 1991, 2009-15

164. Fraga. A. g.;Rodrigues. C. R.; Miranda. A. L. P.; Barreiro, .E. J.; e Fraga. C. A. M. Eur. J. Med. Chem. 11, 2000, 285-290

165. Dimmock, J.R.; Vashishtha, S.C.; Stables, J.P. Propriedades anticonvulsivas de várias acetil-hidrazonas, oxamoil-hidrazonas e semicarbazonas derivadas de compostos carbonílicos aromáticos e insaturados. Eur. J. Med. Chem. 2000, 35, 241-248

166. Çakir, B.; Dag, 0.; Yildirim, E.; Erol, K.; Şahin, M.F. Síntese e atividade anticonvulsiva de algumas hidrazonas de 2-[(3H)-oxobenzoxazolina-3-il-aceto]hidrazida. J. Fac. Pharm. Gazi. 2001, 18, 99-106

167. Ragavendran, J.; Sriram, D.; Patel, S.; Reddy, I.; Bharathwajan, N.; Stables, J.; Yogeeswari ,P. Conceção e síntese de anticonvulsivantes a partir de um farmacóforo combinado de ftalimida-GABA-anilida e hidrazona. Eur. J. Med. Chem. 2007, 42, 146-151

168. Gupta.Deepak.; Kumar.Rajiv.; Roy. Ram Kumar; Sharma.Adish; Ali.Israr; e Shamsuzzaman. Md.Medicinal Chemistry Research. 22(7), 2013, 3282-3288.

169. Alagarsamy.Veerachamy; e Saravanan.Govindaraj. Investigação em Química Medicinal. 22(4), 2013, 1711-1722.

170. Kumar.Praveen.;Shrivastava.Birendra.;Pandeya.Surendra. N.; e Stables. James. P.European Journal of Medicinal Chemistry. 46(4), 2011, 1006-1018

171. Jha. K. K.; Kumar. Y.; Shaharyar.Mohd.; Sharma.Gajraj. Asian Journal of Chemistry. 21(8), 2009, 6491-6496.

172. Grasso.Silvana; De rro.Giovambattista; De Sarro.Angela; Micale.Nicola; Zappala.Maria; Puja.Giulia; Baraldi. Mario; e De icheli,. Carlo. Journal of Medicinal Chemistry. 43(15), 2000, 2851-2859.

173. F. Cariati, U. Caruso, R. Centore, W. Marcolli, A. De Maria, B. Panunzi, M.A. Roviello, A. Tuzi, Inorg. Chem. 41 (2002) 6599.

174. S. Banerjee, S. Sen, S. Basak, S. Mitra, D.L. Hughes, C. Desplanches, Inorg. Chim. Ata 361 (2008) 2707.

175. D.S. Kalinowski, P.C. Sharpe, P.V. Bernhardt, Des R. Richardson, J. Med. Chem. 51 (2008) 331.

176. Des R. Richardson, P. Ponka, J. Lab. Clin. Med. 131 (1997) 306.

177. N. Filipovic, H. Borrmann, T. Todorovic, M. Borna, V. Spasojevic, D. Sladic, I. Novakovic, K. Andjelkovic, Inorg. Chim. Ata 362 (2009) 2000.

178. M. Carcelli, P. Mazza, C. Pelizzi, G. Pelizzi, F. Zani, J. Inorg. Biochem 57 (1995) 43.

179. Md.A. Affan, S.W. Foo, I. Jusoh, S. Hanapi, E.R.T. Tiekink, Inorg. Chim. Ata 362 (2009) 5031.

180. M. Bakir, O. Brown, Inorg. Chim. Ata 353 (2003) 89.

181. Ş. G. Küçükgüzel, E. E. Oruç S. Rollas F. Şahin, A. Ozbek. Eur. J. Med. Chem. 37, 2002, 197.

182. Ş. G. Küçükgüzel, A. Kocatepe E. De Clercq, F. Şahin, M. Güllüce. Eur. J. Med. Chem., 41, 2006, 353.

183. Ergenç. N.; e Günay. N. S. Eur. J. Med. Chem., 33, 1998, 143.

184. Rollas. S.; Gülerman. N.; e Erdeniz. H. Farmaco. 57, 2002, 171.

185. Durgun. B. B.; Çapan. G.; Ergenç. N.; e Rollas. S. Pharmazie. 48, 1993, 942.

186. Dogan. H. N.;Duran. A.;Rollas. S.; Şener, G.;Armutak.Y.; KeyerUysal. M. Med. Sci. Res. 26, 1998, 755.

187. Kalsi. R.;Shrimali. M.;Bhalla; T. N.;Barthwal. J. P. Indian J. Pharm. Sci. 41, 2006, 353.

188. John. H.; Musser; Richard. E.; Brown; Bernard Loev; Kevin Bailey; Howard Jones; Robert Kahen; AtulKhandwala; Mitchell Leibowitz. J. Med. Chem., 27 (2), 1984, 121-125.

189. Derek. H. R.; Barton; Gabor Lukacs; e DilipWagle. J. Chem. Soc., Chem. Commun.1982, 450-452.

190. Keith. J. M.; e Jacobsen. E. N. Org. Lett. 6, 2004, 153.

191. Friestad. G. K.; MariM. J. C.; e Deveau. A. M. Org. Lett. 6, 2004, 3249.

192. Zhenhua Shang. Comunicações sintéticas, 36, 2006, 2937.

193. Pandey. V. K.; Gupta. V. D.; Upadhyay. M.; Upadhyay. M.; Singh. V. K. e Tandon. M. Ind. J. of chemi. 44B, 2005, 158.

194. Lima P C, Lima L M, da Silva K C M, Leda P H O, de Miranda A L P, Fraga C A M, Barreiro E J. *J. Med. Chem.* **2000**; 35: 187.

195. Almasirad A, Tajik M, Bakhtiari D, Shafiee A, Abdollahi M, Zamani M J, Khorasani R, Esmaily H. *Journal of Pharmaceut. Sci.,* **2005**; 8(3): 419.

196. Durgun B B, Capan G, Ergenc N, Rollas S. *Pharmazie,***1993**; 48: 942.

197. Dogan H N, Duran A, Rollas S, Şener G, Armutak Y, Keyer-Uysal M. *Med. Sci. Res.,* **1998**; 26: 755.

198. Almasirad A, Hosseini R, Jalalizadeh H, Moghaddam Z R, Abaian N, Janafrooz M, Abbaspour M, Ziaee V, Dalvandi A, & Shafiee A. *Biol. Pharma. Bull,* **2006**; 29(6): 1180.

199. Seitzberg J G, Knapp A E, Lund B W, Bertozzi S M, Erika A, Currier Jian-Nong Ma, Sherbukhin V, Burstien E S, Olsson R. *J. Med. Chem.* **2008**; 51: 5490.

200. Izabella Ribeiro G, Kelly Christine da Silva M, Sergio Parrini C, Ana Lusia P. de Miranda, Carlos Fraga A M, Eliezer Barreiro. J. *Eur. J. Eur. Med. Chem.,* **1998**; 33: 225.

201. Melnyk P, Leroux V, Sergheraert C. *Bioorg. Med. Chem.* **2006**; 16: 31.

202. Maria A F, Vera-DiVAio C C, Helena A F, Castro Segio de C, Albuquerque M, Lucio   CabrCarlos Rodrigues R, Magaly G, Albuquerque C A, Rita Martins Maria G, Henriques M O, Luzia Dias RS. *Bioorg. Med. Chem.,* **2009**; 17: 295.

203. Sadjadi S, Heravi M M, Haj N M, Hossein A, Oskooie, Shoarand R H, Bamoharram F F. *Bull. Chem. Soc. Ethiop.,* **2009**; 23(3): 467.

204. Brodrecht Martin, Gu Jiamin, Kramer Thomas, Lo Monte Fabio, Pilakowski Johannes, Schmidt Boris, Dominguez Juan Manuel, Fuertes Ana, Eldar-Finkelman Hagit, Plotkin Batya. *Jornal Europeu de Química Medicinal,* **2013**; 61: 26 - 40.

205. Ding Ming-Wu, Feng Ling-Ling, Han Xin-Ya, Li Ding, Ren Yan-Liang, Sha Yibamu, Sun Yao, Tu Qi-Dong, Wan Jian, Yi Fan, Ding Ming-Wu, Feng Ling-Ling, Han Xin-Ya, Li Ding, Ren Yan-Liang, Sha Yibamu, Sun Yao, Tu Qi-Dong, Wan Jian, Yi Fan, Tu Qi-Dong. *Bioorganic and Medicinal Chemistry,* **2013**; 21(11): 2826 - 2831.

206. De Sa Bortolozzo Leandro, Jorge Salomao Doria, Palace-Berl Fanny, Tavares Leoberto Costa, Zorzi Rodrigo Rocha, Ferreira Adilson Kleber, Pasqualoto Kerly Fernanda Mesquita, Ferreira Adilson Kleber, Maria Durvanei Augusto, Lindoso Jose Angelo Lauletta. *Bioorganic and Medicinal Chemistry,* **2013**; 21(17): 5395 - 5406.

207. Paolo Mombelli; Matthias C.; Witschel; Anthoni W. van Zijl; Julie G.; Geist; Matthias Rottmann.C.; Line Freymond; Franz Rçhl; Marcel Kaiser; Victoria Illarionova; Markus Fischer; Isabella Siepe.W.; Bernd

Schweizer; RetoBrun; e FranAoisDiederichChem Med Chem. 7, 2012, 151 - 158.

208.   Abadi. A. H.; Haleem. A. A.; Eissa. G. S.; e Hassan. Chem. Pharma. Bull. 51(7), 2003, 838

209.   Nguyen HuuDinh; Hoang ThiTuyetLan; Tran Thi Thu Trang; e Pham Van Hoana. J. Heterocyclic Chem, 49, 2012, 814.

210.   Mostafa. M.; Ghorab.; e Mansour S. Al-SaidJ. Heterocyclic Chem, 49, 2012, 272.

211.   Jie Zhang a.; Tianhua Shen a.; Lijuan Xu a.; Fenfang Shen a.; QuanQin a.;Chunan Ma a.; eQingbao Song a. Synthetic Communications1, 40, 2010, 814-820.

212.   Desai. U.V.; Mitragotri. S.D.; Thopate. T.S.; Pore. D.M.; Wadgaonkar. P.P.Arkivoc. 2006, 198.

213.   Bukowski. L.; Janowic. M.; Zwolska-Kwick. Z.; eAndrzejczyk. Z. Pharmazie. 9,1999, 54.

214.   Lehmann. J.; Ghoneim. K. M.; Elgendy. A. A., Arch. Pharm (Weinheim), 317, 1984, 188.

215.   Moustafa. M. A.; Nasr. M. N.; Gineinah. M. M.; e Bayoumi.W. A. Arch Pharm Med Chem. 337, 2004, 427-433.

216.   Dalipkumar; MeenakshiPilania; Arun.V.; e Bhependra Mishra. Synlett. 25, 2014, 1137-1141.

217.   Patente; E. I. Du Pont de Nemours and Company; US5633218; **1997;** (A1) Inglês

218.   Patente; FMC Corporation; US4895871; **1990;** (A1) Inglês

219.   Frischmuth Annette, Unsinn Andreas, Groll Klaus, Knochel Paul, Stadtmueller Heinz, *Chemistry- A European Journal*, **2012**; 18(33): 10234 - 10238

220.   Patente: DOW AGROSCIENCES LLC, CROUSE Gary D, DEMETER David A, SPARKS Thomas C, WANG Nick X, DENT William Hunter, DEAMICIS Carl, NIYAZ Noormohamed M, BAUM Erich W, FISCHER Lindsey Gayle, GIAMPIETRO Natalie Christine: WO2013/9791; **2013;** (A1) Inglês

221.   Brodrecht Martin, Gu Jiamin, Kramer Thomas, Lo Monte Fabio, Pilakowski Johannes, Schmidt Boris, Dominguez Juan Manuel, Fuertes Ana, Eldar-Finkelman Hagit, Plotkin Batya. *Jornal Europeu de Química Medicinal*, **2013**; 61: 26 - 40.

222.   Mishra Monika, Singh Vinod P, Tiwari Karishma. *RSC Advances*, **2013**; 3(30): 12124 - 12132.

223.   Malhotra Manav, Monga Vikramdeep, Sharma Sagun, Jain Jainendra, Samad Abdul, Stables James, Deep Aakash. *Pesquisa em Química Medicinal*, **2012**; 21(9): 2145 - 2152.

224.   National Committee for Clinical and Laboratory Standards, Method for Dilution Antimicrobial Susceptibility Tests for Bacteria that Grow Aerobically Approved Standard, quarta ed., 1997; Documento M 100-S7. NCCLS, Villanova, Itália, **1997**; Documento M 100-S7. S100-S157.

225.   Isenberg, D. H. Essential Procedure for Clinical Microbiology, American Society for Microbiology, Washington, **1998**.

226.   Zgoda J R, Porter J R. *Pharm. Biol.*, **2001**; 39: 221.

Printed by Books on Demand GmbH, Norderstedt / Germany